东方建筑遗产

保国寺古建筑博物馆

·2010年卷·

文物出版社

封面设计　朱秦岭
责任印制　陈　杰
责任编辑　李　飏

图书在版编目（CIP）数据

东方建筑遗产·2010年卷/保国寺古建筑博物馆编.
－北京：文物出版社，2010.11
ISBN 978－7－5010－3073－6

Ⅰ.①东…　Ⅱ.①保…　Ⅲ.　①建筑－文化遗产－保护
－东方国家－文集　Ⅳ.①TU－87

中国版本图书馆CIP数据核字（2010）第212679号

东方建筑遗产·2010年卷
保国寺古建筑博物馆　编
文物出版社出版发行
（北京市东直门内北小街2号楼）
http://www.wenwu.com
E-mail:web@wenwu.com
北京文博利奥印刷有限公司制版
文物出版社印刷厂印刷
新华书店经销
787×1092　1/16　印张：13.25
2010年11月第1版　2010年11月第1次印刷
ISBN 978－7－5010－3073－6　定价：100.00元

《东方建筑遗产》

主　　管：宁波市文化广电新闻出版局

主　　办：宁波市保国寺古建筑博物馆

学术后援：清华大学建筑学院

学术顾问：罗哲文　郭黛姮　王贵祥　张十庆　杨新平

编辑委员会

主　　任：陈佳强

副 主 任：孟建耀

策　　划：邬向东　徐建成

主　　编：余如龙

编　　委：（按姓氏笔画排列）

　　　　　王　伟　邬兆康　李永法　沈惠耀　应　娜
　　　　　范　励　翁依众　符映红　彭　佳　曾　楠
　　　　　颜　鑫

◈目　录◈

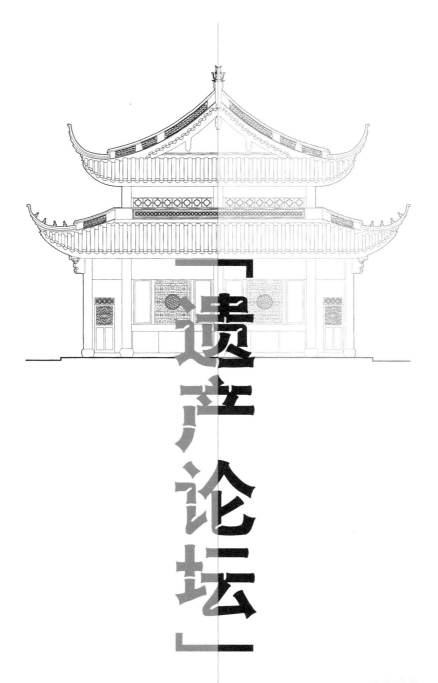

「遗产论坛」

壹

【浙江历史文化名城保护探讨】

宋烜　丁晓芬·浙江省社会科学院

浙江山川秀丽，文化昌盛，具有悠久的历史，早在10万年前就有人类活动，到了新石器时代，河姆渡、马家浜、良渚的先民们创造了先进的技术灿烂的文化。历史时期的浙江大地出现了诸多文化亮点，越王剑、青瓷、丝绸等等。到了宋室南渡，两浙地区成为全国政治、经济、文化中心，百业俱兴，"钱塘自古繁华"。明清之季的浙江，经济发达，人文荟萃，更有了"天下首省"[一]的美誉。

随着岁月的流逝，那些足以反映浙江灿烂历史的文化产物逐渐消失，数量众多的明清建筑随着城镇改造的开展而逐渐凋零。幸存下来的古村、历史街区也日益受到严峻的考验。城市要发展，村落要更新，居民生活要提高，这些社会发展的必然命题都成为历史文化名城保护绕不开的难题，文化遗产保护一次次成为经济发展、社会发展的"瓶颈"，似乎只有拆除旧的，才能兴建新的。道路拓宽、小区改造、商业区建设等等，所有这些旧城改造项目，都成了拆旧建新、随意处置传统建筑的堂皇理由。有的或以保护之名，行彻底改造之实。由此产生的现象是，历史文化名城多有其名而无其实，原来的历史街区，往往改造成为仿古街，真文物变成假古董。如何真实保护好历史文化遗产，处理好经济发展与文化遗产保护的关系，政府、民众都有责任，而相关从业者更是责无旁贷，为此，对浙江经济发展中有关历史名城保护的问题，笔者谈一些个人看法，就教于诸位识者。

首先，需要建立正确的保护观念。

随着社会的发展，现在的政府或民众对历史文化遗产的重视已经今非昔比，普遍具有较强的保护意识，与改革开放初期相比不可同日而语。对历史文化名城的重视更是有目共睹，政府对文化遗产乃至历史文化名城的保护力度日渐加强。浙江现有国家历史文化名城六座，省级历史文化名城11座，中国历史文化名镇、名村19处，以及省级历史文化街区、村镇78处，数量不可谓不多。2001年颁布了《浙江省历史文化名城保护条例》，对历史文化名城给予立法保护。各级政府对于历史文化名城的重视也体现

[一]《明实录·嘉靖二十六年》，台湾"中央研究院"历史语言研究所校印本，1962年。

3

在资金投入上，浙江省投入到名城保护的资金也在逐年增加，从 2001 年开始，省财政每年给出 300 万，作为省内历史文化名城保护专项资金，主要用于名城保护规划的编制等，到了 2005 年该专项资金再度翻番，增加到 600 万[一]。省内各市县也对历史文化名城保护投入了大量经费，其突出者如杭州，每年相关历史文化名城的整治保护经费超过亿元。各地民众方面对历史文化遗产保护的积极性也日渐高涨，对一些公示的文化遗产保护项目都能积极参与，踊跃提出意见和建议。许多村镇以老年协会等组织形式自发保护文化遗产，对历史文化名城、名村的保护起到了显著的作用。虽然如此，但实际的保护现状却并不像上述数据显示的那么乐观。从省内来看，许多历史文化名城已经空有其名，原有的历史街区多在近年的城市改造中被改造，文化遗产的真实性被大大降低；有的历史建筑区块因为城市建设的开展而成片消失；文物保护单位成为孤岛，周围的历史氛围荡然无存。一方面对于历史名城、历史街区的保护日渐受重视，资金投入也逐渐增多，但另一方面历史文化名城中文化遗产的存量却日渐减少，历史文化遗产的保护也渐显异化趋势。

造成这种局面的原因，其始作俑者可能还是在主宰一方建设的各路"诸侯"。众所周知，历史文化名城的保护关键还是在地方政府，小者如村镇领导，大者如市长书记，地方当政者对文化遗产的认识正确与否，往往是历史文化名城保护成功与否的关键。以经济建设为中心，把促进民生为要务，原本

是各地"诸侯"治理地方的首要任务，本也是无可厚非的。但是，许多地方的长官往往把历史文化遗产的保护与促经济、保民生对立起来，以为文化遗产的保护会阻碍经济、民生的进步，历史名城、街区的保护必然会阻碍城市建设的发展、百姓生活的改善。由此，或视文化遗产保护为包袱，刻意淡化为之；或视文化遗产保护为无物，随意加以拆改。更甚者，必欲去之而后快。这样的例子并不是没有，早一些时候的浙江舟山拆除定海古城之事，被省人大严厉批评[二]。省外的如江苏常州旧城改造中大面积拆除文物建筑，奏出了一阕"延陵悲歌"[三]；作为六朝古都的南京也不甘落后，置众多专家的强烈呼吁于不顾，陆续拆除了一大批古建筑、历史建筑[四]，再谱大拆历史遗产之"金陵续曲"。上述这些例子因为有群众举报、专家呼吁而见诸于报道，而未经报道"低调"改建、或不涉及文物保护单位仅及于传统建筑的事例其实更多，如早几年的杭州西湖大道建设，东起杭州火车站，西至湖滨的柳浪闻莺，全长约 2000 米，穿越了杭州老城区历史建筑最为集中的区块，西湖大道建成之日，杭州当时最大区块的历史建筑随之消失殆尽。浙江温州在 2002 年前后，解放路以西、五马街南北区块还有大片的历史街区、传统建筑存在，是当时省内几个主要城市中传统建筑保留最丰富的，但经过近几年的旧城改造，历史街区被大片蚕食，传统建筑所存无几。诸如此类的例子，可说是不胜枚举。对照日益健全的民众保护文化遗产的意识，难道诸多的地方官的文化遗产保护意识都是如

此淡薄吗？他们的历史责任感竟远远不如一般布衣百姓？恐怕也不完全是。显然，地方官员在文化遗产保护上的认识偏差是造成上述行为的主要原因。追求经济指标，使在任时的政绩更加好看一些，或者出于"经营城市"的初衷，愿意花较小的代价出更明显的效果等等，都是造成其认识偏差的主要原因。毕竟，保护旧城，另辟新区进行建设，所承受的压力明显要更大一些，而且太不容易出效果、太不容易出政绩。实际上许多事例证明，只要消除文化短视的弊病、戒除快出政绩的功利，文化遗产保护与经济建设的发展是可以并行不悖的，而且，文化遗产的完善保护完全可以增强经济发展的竞争力，从而推动经济发展的可持续性。欧洲、日本的发展证明，经济社会的发展并不是一定要以牺牲历史文化遗产的保护为代价的，历史文化名城的完善保护只会促进社会经济的可持续发展，从而增加绿色GDP的文化含量。国内如丽江、平遥，省内如乌镇等，都是其中值得借鉴的例子。而邻省的苏州市整体保护城市传统空间，另辟新址建新城的做法，也是比较成功的案例。发展是硬道理，树立科学发展观尤其显得紧迫。由此，要加大历史文化遗产保护的宣传力度，尤其是各级政府官员在文化遗产保护以及历史文化名城保护方面要树立正确的观念意识，要用发展的眼光看待名城保护，切忌短期行为，要充分汲取国外发达国家在文化遗产保护方面的先进经验，做到知行合一。只有如此，文化名城的保护才能名至实归。实际上，只要各级地方执政者在历史文化名城保护方面有了正确的认识，树立了科学实践发展观，文化名城的保护就能纳入正轨，才能持续发展。

其次，是认清家底，树立危机意识。

新中国成立60年来，国务院已经颁布了六批全国重点文物保护单位，合计有2351处。浙江省现有全国重点文物保护单位131处，省级文物保护单位387处，市县级文物保护单位2700余处。从数量上看也算不少。但与国外文化遗产保护发达的国家比较，还是有很大距离。如同为四大文明古国的希腊，国土面积与我省相当，其国家记录在册的保护遗址、保护建筑却有40万处之多。不仅仅是数量上的问题，整体质量也差距极大。欧洲由于普遍做到了保护旧城，另辟新区进行建设，使其传统城区能够完整保存，历史文化遗产保留的非常丰富。反观我们的历史文化名城，真是"只见新城俏，难觅旧城影"，省内几个国家级历史名城已经很难找到比较完整的、具有代表性的历史区块了。而且随着"经营城市"、旧城改造的加速，历史

5

[一]《浙江历史文化名城保护存在的问题及其对策》，浙江省发改委，《研究与建议》，2006年，第63期。

[二]《浙江省人大严厉批评舟山破坏定海古城风貌》，《人民日报》，2001年2月6日。

[三] 丹青《延陵悲歌：历史文化名城常州大拆之风狼烟再起》，《中国文物报》，2006年7月17日。

[四]《专家呼吁保护历史文化名城　再拆下去将名存实亡》，《瞭望新闻周刊》，2009年第25期。

街区被改造、传统建筑被压缩的趋势不见减缓，并随着城市的建设、经济的发展有愈演愈烈的趋势。或许，改革开放、经济建设的初期，由于政府财力有限，以房地产开发模式为主的旧城改造经营模式，对于改善传统城区的居民住房条件和居住环境曾经起到了一定作用，或者说，也是特定时期地方政府勉力为之的无奈选择。然而，在经济建设发展到相当水平、省内许多地方的人均 GDP 普遍达到了中等发达国家水平的今天，一些地方政府仍不减旧城改造的步伐，以毁祖宗家当为平常事，这就颇有些疑问了。显然，如孔老夫子所说的："非不能也，乃不为也"，不是做不到，而是不想做。现在的社会经济发展已经有能力为保护祖宗遗产做一些工作了，但是，很多地方政府却并不愿意在此多花些精力做调查研究，甚至还延续老的观念，一拆了之。这样的例子有没有？看看江苏常州的例子：

"他们什么都能拆，什么都敢拆。领导的政绩就是拆出来的，开发商私人老板的滚滚财源也是拆出来的。他们借文物'开发'、'利用'为幌子，说是为了改善城市形象，为了加快城市现代化服务业的发展步伐"。

而那些视文化遗产为草芥的拆文物者，却是这样回答的：

"如果仅仅停留在简单的'修旧如旧'的层面上，那么'门前冷落车马稀'将是其最终的结果"[一]。

这些以各种花里胡哨的名义、行拆除文化遗产之实的做法，我们省内是否有？显然，

类似现象是存在的，而仅仅是程度不同而已。这些明显违反《中华人民共和国文物保护法》的行为，有些地方竟然堂皇行之，其对历史文化遗产的明显破坏，地方执政者恐怕难辞其咎。很难理解这些经常有机会去欧美等发达国家参观考察的大员们，面对中外在文化遗产保护方面的巨大差距，会有何感想？或许他们以为，我们地大物博、文化资源丰富，经得起折腾？显然这是一个明显的谬误。2005 年国务院下达了《关于加强文化遗产保护的通知》，《通知》指出：

"文化遗产是不可再生的珍贵资源。随着经济全球化趋势和现代化进程的加快，我国的文化生态正在发生巨大变化，文化遗产及其生存环境受到严重威胁。不少历史文化名城（街区、村镇）、古建筑、古遗址及风景名胜区整体风貌遭到破坏。"

为此从 2007 年 4 月开始，国务院布置开展了第三次全国文物普查，国务院在"三普"《通知》中强调：

"开展文物普查，有利于合理、准确划定文物保护范围，完善文物档案管理，促进文物保护机构建设，提高文物保护管理整体水平；有利于发掘、整合文物资源，充分发挥文物在建设社会主义先进文化，促进经济社会全面、协调、可持续发展中的重要作用；有利于……增强全民文化遗产保护意识"。

因此，必须清醒认识我们已经不很丰厚的祖宗家底，认清我们在文化遗产保护方面存在的明显差距，必须要对那些仍旧沉迷于"历史悠久""文物丰富"的人们当头棒喝，文化遗产保护已经到了关键时刻，城市化的

步伐已经不容你有半点犹豫，增强文化遗产保护的危机意识，已经刻不容缓。

其三，是弘扬法制秩序，加强文化遗产保护责任感。

针对历史文化名城、名镇、名村的保护，浙江省专门出台了相关法规予以保障，如2001年颁布的《浙江省历史文化名城保护条例》，对名城、名镇、名村（后者当时统称为"历史文化保护区"）进行立法保护。并对省内的名城、名镇、名村分别编制保护规划，使保护要求具体化。如近年以来，全省已经对大部分的国家历史文化名城、省级历史文化名城以及众多的名镇、名村编制了保护规划，还出台了文物保护及名城保护相关法规、条例等，使历史文化名城的保护有了法规保障。但实际上大家知道，文物的相关法规是无牙老虎，违法、触法的有之，打擦边球的有之。有的是突破规划建设改造、有的是对文物建筑拆除迁移，对于这些疑似触犯法规的行为，真正能够按照相关法规处理的少之又少。究其原因，主要是这些违法、触法的事例很多属于政府行为，是地方政府为了追求经济效益、改善民生而发生的行为，相关管理部门或"为尊者违"、或设身处地"换位思考"，于是，类似常州、南京的事例就时有发生。对照我省来看，明显违法的事例不多，但打打擦边球的例子还是不少。如有的地方在旧城改造中，周围其他尚未经认定的传统建筑统统拆除，只留下孤零零的文保单位建筑，之后，便以该文保单位历史环境丧失为由，要求搬迁。有的在旧城改造中，对颇有质量的文保点和历史建筑，冠以"文物认养"的名称，对其搬迁后集中保护，这显然与《中华人民共和国文物法》有关"尽可能实施原址保护"的要求不尽符合。凡此种种，类似的事例还很多。对此，既要加强文物法规的严肃性，加大法规的执法力度。同时，各级政府要真正树立起文化遗产保护优先的理念，把做好文化遗产的保护作为重要工作内容之一，就像重视经济工作、重视环境保护一样重视文化遗产保护。

但现实的情况是，许多地方的执政者并不重视文化遗产的保护，对于国家相关要求也是做一些表明文章，并不真正去落实。2005年国务院下发了"关于加强文化遗产保护的通知"，强调"文化遗产是不可再生的珍贵资源"；2007年4月国务院布置开展第三次全国文物普查，重申"充分发挥文物在建设社会主义先进文化，促进经济社会全面、协调、可持续发展中的重要作用"，但能否真正把国务院的相关要求落实到工作中，恐怕并不乐观。这几年许多地方对申报全国重点文物保护单位、省级文物保护单位的工作并不积极，有的地方官直言不讳，明确表示不打算申报，有的还对部

7

[一] 丹青《延陵悲歌：历史文化名城常州大拆之风狼烟再起》，《中国文物报》，2006年7月17日。

门申报文件扣住不发、拒绝盖"戳",究其原因,是怕一旦上了国家级、省级保护单位,可能会妨碍诸如"旧城改造""开发区建设",可能会一定程度地束缚住手脚。所以,如何落实好遗产保护优先的原则,做好相关的宣传、落实工作,各级政府尤其是执政者责无旁贷,地方政府要有"守土有责、舍我其谁"的历史责任感,切实担负起本境内的历史文化名城乃至文化遗产保护工作。不能期望他人来做你没有做到的工作,也不能期望后任来做你没做好的工作。要把国务院"关于加强文化遗产保护的通知"精神落实到各部门,要变被动保护为主动诉求,从政府自身做起,使社会各界普遍树立保护文化遗产、爱护文化遗产的新风气。

其四、合理利用历史文化遗产,增加作为地方政府政绩的评判因素。

在经济发展加快、城市建设日新月异的形势下,历史文化名城保护与利用的问题显得越来越突出,因此,必须与时俱进,加大历史文化名城保护的宣传力度,进一步加深民众对历史文化名城保护的认识,尤其要针对性地加强各级地方官对保护历史文化名城重要性的认识。2005 年《国务院关于加强文化遗产保护的通知》指出:物质文化遗产保护要贯彻"保护为主、抢救第一、合理利用、加强管理"的方针,对此,要把对历史文化名城保护的正确与否、对文化遗产的合理利用与否作为衡量各级政府政绩的考核依据,地方执政者不仅仅有发展经济、建设城市之职责,也有保护一方文化传统之义务。历史文化名城的保护、建设要经得起专家学者的

监督检查,要严格按照法定程序运作,明确各职能部门的管理权限,自觉接受专家学者、民众舆论的评议监督,切忌自搞一气,盲目开发。实践证明,历史文化名城乃至文化遗产的保护过程中,非规范的主动性干预比无为而治更具有危害性,破坏性也更大。杭州中山中路是杭州历史文化名城中硕果仅存的几个历史街区之一,是一条具有浓郁民国年间建筑风貌的传统街区,其基本的格局可以上溯到南宋时期的御街,历史积淀非常深厚。杭州市开展中山路"综合保护与有机更新工程"后,把中山路有机更新为"南宋御街"。但这条所谓的"御街",既不像民国年间的"马路",也全然没有南宋"御街"的影子。道路中间开水沟、用马头墙隔断"御街"、陶罐装饰墙面等等,这些或属于其他地方传统建筑的内容、或属于设计师天马行空式的创意,却无厘头地套在"南宋御街"身上,实在令人啼笑皆非。虽然,设计者娱乐地设计,民众也娱乐地游玩,地方官娱乐地开展旅游项目,在这个提倡娱乐的时代,造就一条不古不今、雅俗共赏的"娱街",原本也无可厚非。但作为国家级的历史文化名城,中山中路历史街区有其固有的文化传承,有其区别于山川小镇的历史担当,有其作为南宋帝国都城的丰富命题,现在这样的"有机更新"既不严谨,也缺乏对历史的尊重与敬畏。而在道路中间开膛破肚挖水沟,也破坏了中山路元明清及民国时期可能存在的历史路面叠压层。这样的改建、这样的"有机更新",无异于对历史街区的破坏。尤其值得引起注意的是,杭州作为省会城市、六大古都之一,其在历

史文化名城中的相关运作，在省内外都具有标杆影响、示范作用，实际上，"御街"的示范效应已经有所体现，省内已有多处在历史街区改造方案中采用类似模式：马路中间开水沟、种莲花。由此看来，在历史文化名城的保护改善中，必须充分遵循文化遗产保护的自身特点，必须充分参照国际上比较成熟的文化遗产保护经验，必须充分听取有关专家的意见，必须充分履行正常的报批程序，必须充分爱惜政府在民众中的公信力。对于那些对历史文化名城历史地段乱加改造的、或对文物保护单位乱拆乱建行为的、或对文化遗产保护不作为的，要纳入到政绩考核范畴。虽然不能做到文化遗产保护"一票否决制"，但由此对相关责任人增加一些行政责任感，添加一些考核砝码，未尝不值得一试。

其实，从国际角度来看，上述这些对历史文化名城的随意改造更新，不仅仅是中国独有，其他的发展中国家甚至发达国家都有类似问题存在。兹引用国际古迹遗址理事会《关于历史地区的保护及其当代作用的建议》的相关内容，来对照我们的历史文化名城保护工作，并结束本文：

"注意到整个世界在扩展或现代化的借口之下，拆毁（却不知道拆毁的是什么）和不合理不适当重建工程正给这一历史遗产带来严重的损害；……考虑到这种情况使每个公民承担责任，并赋予公共当局只有他们才能履行的义务；（建议）历史地区及其周围环境应得到积极保护，使之免受各种损坏，特别是由于不适当的利用、不必要的添建和诸如将会损坏其真实性的错误的或愚蠢的改变而带来的损害，以及由于各种形式的污染而带来的损害。任何修复工程的进行应以科学原则为基础。同样，也应十分注意组成建筑群并赋予各建筑群以自身特征的各个部分之间的联系与对比所产生的和谐与美感。"[一]

9

[一]《关于历史地区的保护及其当代作用的建议》，国际古迹遗址理事会全体大会第八届会议于1987年10月在华盛顿通过。

【东南大学建筑遗产保护工作及其传承】

朱光亚·东南大学建筑学院

东南大学是中国近现代建筑教育的先驱，是第一个在大学中设立建筑系和建筑学专业的大学，是众多建筑界名人的母校。东大建筑遗产保护工作的历史发展道路与我们国家我们民族在这个领域以至整个建筑领域的发展有着密切关系。而对建筑遗产保护的历史及其理论的回顾必然要追溯到近代。

一　营造学社先贤奠下基础

房子坏了总是要修的，因此建筑遗产保护的修缮活动每个朝代自然都有，但是在中国古代，那多是无设计的随机性甚高的修缮活动。而站在现代观念和技术体系，以保存文化遗物为目标的中国建筑遗产保护运动及其学术研究则是到了近代上并特别是 1929 年营造学社成立以后才开始的。营造学社社长，曾经主持过民国初年北京城多项改造和保护利用工程，并在后来担任过内务部总长和代总理的朱启钤先生在《中国营造学社缘起》一文中写道："中国之营造学，在历史上，在美术上，皆有历劫不磨之价值……方今世界大同，物质演进，兹事体大，非以科学之眼光，作有系统之研究，不能与世界学术名家公开讨论。启钤无似，年事日增，深惧文物沦胥，传述渐替，爰发起中国营造学社。"[一]

曾经在外国看到了建筑遗产研究成果回国后任教于中央大学（即今日东南大学的前身）的一批学者同样也关注这一问题，当时任中央大学建筑系教授的刘敦桢、卢树森和鲍鼎都是学社的早期社员。刘敦桢早在 20 世纪 20 年代初在苏州工专任教时就已经关注了苏州的古代建筑，其与《营造法原》的作者、苏州鲁班会会长姚承祖相识并开始交往，之后将法原介绍给营造学社。刘敦桢先生带领中大的学生做了当时中国高校最早的古建筑考察，并借用考古学的方法承担了南京栖霞山舍利塔的修缮工程。1931 年，刘敦桢放弃中大教授待遇，应朱启钤之邀，北上营造学社，担任文献部主任。

[一]　见朱启钤《中国营造学社缘起》，载《中国营造学社会刊》第 1 卷第 1 期。

他和法式部主任梁思成先生一起，负责起学社的学术发展。梁刘二位先贤努力将实地考察、精确的测量、制图和必要的技术分析运用于古建筑的研究中。当时营造学社的形势一如郭湖生教授所说，梁刘二位的参加，"如出硎新刃，锐不可挡，使他人作皮相之谈瞠乎其后，黯然失色。"[一] 他们正是沿着朱启钤先生所说的"科学之眼光"、"系统之研究"方向开拓的主将。两位先生入社后接手的第一件古建筑修缮任务就是北京故宫文渊阁的修缮设计，他们提出了用钢和钢筋混凝土加固的几种方案，该方案及同时的苏州保圣寺修缮在今天看起来未必适当，但它却是国人将现代科学技术应用于建筑遗产保护工作中的早期尝试[二]。

如果，因为这一方案颇为生硬而以为营造学社的路线也很生硬，这种认识是错误的。学社一成立，朱启钤为学社定下的方针就具有强烈的本土特色，他在要求科学眼光及系统研究的同时，还紧紧抓住了两项关键研究工作：一方面是传统工艺的研究和传承，朱启钤认为"然以历来文学，与技术相离之辽远，此两界殆终不能相接触，于是得其书者，不得其原，知其文字者，不知其形象……今日灵光仅存之工师，类已踽踽穷途，沈沦暮景，人既不存，业将终坠。"他主张研究工匠的语汇和工匠史；另一方面，他又从物质文化中看到了非物质文化的意义，强调从广义的文化角度研究建筑："吾民族之文化进展，其一部分寄之于建筑……数千年来之政教风俗，社会信仰，社会组织，亦奚不由此……总之研求营造学，非通全部文化史不可，而欲通

文化史，非研求实质之营造不可。"[三] 他尖锐地批评了封建社会中"道器分塗、重士轻工"的倾向，要求"沟通儒匠，瀹发智巧"。为达到"与世界学术名家公开讨论"，他本人和当时日本著名的建筑史学家关野贞等面对面地进行讨论。当时，营造学社吸收了关野、叶慈、艾克等一批外国学者，他们研究中国古代建筑遗产的论文和信件也多次在学社汇刊上发表。这种中外学术上的交流在当时已是非常开放。朱启钤的这些活动为学社也为中国后世建筑遗产保护运动奠定了有着东方特色的宏观格局。

这个时期的建筑遗产保护的研究者们大都学跨中西，他们有着深厚的国学功底。投身在第一线以梁思成和刘敦桢为代表的学者在民族危机和国际学术的大环境下充满了保存、研究及振兴民族文化的爱国主义激情，但同时囿于当时欧美建筑界学术思潮的影响及各自留学国家的学派影响，不少人有着强调艺术、强调风格和追求完美、崇尚技术的倾向。当时，处于起步阶段的近代建筑遗产保护的专业分野尚未形成，在多数情况下，学者们不但要做研究，也要做修缮设计，甚至做建筑师。他们注重工程，其中，杨廷宝等人更是十分注重向工匠学习。处于起步阶段的中国建筑史学比日本晚了 60 年，更不要说是与欧洲相比了，因此这个时期的最主要的工作是遗产资源的调查和认知。

如果没有《中国营造学社》，如果没有其创建者朱启钤及其中坚分子梁思成和刘敦桢，就没有后来的建筑历史与理论学科，也就没有以这个学科为后盾的建筑遗产保护事业的

发展。作为非政府组织和非赢利组织的营造学社其发挥的作用远远超过了政府行政部门，这《中国营造学社》所作的贡献，已被历史证明。

二 新中国成立后的艰苦实践和求索

新中国的成立不仅改变了中国社会发展的进程，也改变了建筑遗产保护运动的形势。人民政府明确宣布保护古都、保护文化遗产，并在 1961 年颁布了文物法，将文物保护单位的保护纳入了政府的管理职责，使得国土之内的重要文物获得了法律保护。但是，由于百废待兴，政府的经费首先要用于与国民经济发展密切相关的重工业和其他建设项目中，每年的修缮经费十分有限。而政治上文化上对旧世界的批判必然影响到与旧社会有着千丝万缕联系的文化遗产及其研究的命运，这种"左"的思潮最终在"文化大革命"中爆发成为以破四旧为名的越过法律的破坏文化遗产的狂潮。在整整 30 年中因建设中的土方工程而相伴有大量的考古发掘和文物抢救工作，并进行了以继续资源调查和认知基础工作为目的的第一次全国性的文物普查。由于认识上的差距及发展经济的实际状态，多数建设工程中没有保护遗址而是收藏了文物，此时期，也有一些基本的修缮活动，如维修故宫、赵州桥、南禅寺等少数重要的古建筑。同时因大规模建设涉及古建筑，如永乐宫的搬迁，这类特殊保护工作也成为这一阶段的重大事件。以当年在北京受过朱启钤影响的一批古建筑修缮技术人员为基础，又吸收新人而形成的古代建筑修整所，其成员祁英涛、杜仙洲、于鸣谦及他们的学生的实践工作，他们对朱启钤方针的继承和延续，他们关于古建筑的原状的讨论，梁思成先生关于修旧如旧的原则以及刘敦桢、单士元对工艺和新材料的关注和思考，这一切构成了具有新中国特色的建筑遗产保护知识体系的一部分，但此时期与国外的学术交流明显萎缩。

刘敦桢——中国建筑研究室主任、中国科学院学部委员、《中国建筑史稿》等三本建筑史稿编写班子的领导人，在这一历史时期，其领导完成了中国建筑史界的大部分最重要的学术研究，如古代建筑史、苏州园林、徽州民居，此外，还受邀为新的古代建筑修整所成员上课，他在赴波兰时抓住一切机会了解欧洲古建保护的新材料和新技术，受邀承担了许多包括南京六朝石刻的保护规划及苏州虎丘云岩寺塔在内的修缮项目。特别是在1958～1964 年期间他具体负责了南京瞻园的整治规划和修缮工程设计，

13

[一] 见郭湖生《刘敦桢文集》序，《刘敦桢全集》第10卷。

[二] 见蔡方荫、刘敦桢、梁思成《故宫文渊阁修理计划》，载《中国营造学社会刊》第3卷第4期。

[三] 见朱启钤《中国营造学社开会演词》，《中国营造学社汇刊》第1卷第2期。

在继承朱启钤的"沟通儒匠"的基础上，又和当时直接关注这一工程并给予财政支持的市领导彭冲同志进行沟通，他的工作模式当时被称为"三结合"。他充分发挥利用了学者的学识、匠师的经验和决策者的果断，创造了许多历史性的杰作，瞻园假山的堆叠被视为经典，就艺术水平而言后人至今未能超越。这一作品使刘敦桢教授建立在充分的园林史研究基础上的学术优势在保护工程中得以体现，在历史研究、工作方法、工作程序等方面为后人积累了经验，更重要的是探讨了作为园林类的文化遗产的保护模式和标准。从1953年始他与华东设计院合办中国建筑研究室，后该研究室直接划归建工部并抽调青年学者扩充力量，刘敦桢任主任。在他的直接领导下开展了对各地民居的调查和研究，并开始了作为国家性任务的中国建筑史书稿的编写。梁思成也从另外的角度参加了这些重要的工作，这些工作正是营造学社以往工作的继续，显示了学社的学术传承。也正是在这些工作过程中，傅熹年、王世仁、潘谷西、郭湖生、刘先觉、叶菊华、戚德耀、刘叙杰等第二代建筑史学者和保护工程专家成长起来，成为后来新时期学界的中坚力量。刘敦桢严谨求证、经世致用、面向实践、面向民间、注意将科研成果转化为应用的学风，深深地影响了研究室的后学，也深深影响了此后东大的学术方向，尤其是刘敦桢在恶劣的政治环境下坚持史学研究，永不言弃，俯首甘为孺子牛的表白，是东南大学建筑历史学科最宝贵的精神遗产。

三　改革开放后的丰富实践与理论碰撞

改革开放后的30年，我国加快经济建设，在这期间，对传统的重新审视所产生的文化热和为改变贫穷现状向现代化转型的城市化进程产生了矛盾。国家文物局局长单霁翔曾说："就中国文化遗产及其环境保护的总体情况而言，面临着前所未有的重视和前所未有的冲击并存的局面。一方面，国家对于文化遗产保护立法速度加快，资金投入加大；另一方面，一些历史地段迅速消失，文化遗产遭到破坏。"[一]因此这30年是建筑遗产保护工作蓬勃发展而又危机重重的30年，这种矛盾发展到20世纪90年代和21世纪交替之时就更为明显了。

东南大学在改革开放的初期，承担的最重要的建筑遗产保护工程是苏州瑞光塔、南京南唐二陵和绍兴沈园，同时也参与了湖州飞英塔的修缮。这些都是当时在国内具有重要影响的文物保护单位，其保护工作都有着不同于以往古代宫殿和庙宇的修缮规律的难点。瑞光塔的难点是如何对一个倾斜的砖塔加固地基和基础及如何恢复保护砖砌体的腰檐；南唐二陵的课题是如何修建保护墓室又体现陵墓特点的保护设施；沈园则是一处古代园林的残破遗址，是否及如何探究其历史状态、如何展示这些历史陈迹，在当时都是无法规可依和无先例可循的。实施保护工作在当时都是慎之又慎。以瑞光塔而言，仅方案的论证就持续了三年，瑞光塔从开始修缮设计到完工前后历时11年。沈园则共有四期，从统一规划设计到施工完成断断续续共进行了二十余年。瑞光塔完工后，正值第一届古塔研讨会在苏州召开，瑞光塔的修缮获得了会议的赞赏，不久后该塔成为全国重点文物保护单位。沈园一期工程的完工以及在另三项工程设计中如何对待各代的遗存，营造法式和修缮实践的关系是什么，如何研究原状和寻找原状，在这些问题的研究和讨论中，中国建筑史界第二代学者陈明达、祁英涛、潘谷西发挥了重要的方向性的指导作用，传承了朱启钤、刘敦桢等第一代先贤的学术思想。

改革开放30年，其前期还保留着上一历史时期的种种传统，后期则已经是市场经济，例如，瑞光塔保护工程自始至终没有设计费，后来的南唐二陵的设计费为2000元，这在当时是天文数字，到了沈园工程的第四期已是新世纪了，仅追加的设计费就达10万。市场带来了活力，也带来了问题。高等教育因经费不足而转向市场造成了20世纪90年代初大批教师离开高校，也造成了此后高等学校两个中心名义下的教师社会负担过重的局面。在最困难的时刻，东南大学校长基金划出10万元扶持建筑历史学科的在研科研项目，学科带头人潘谷西教授用设计费改善图书室的环境增补书籍，由东南大学发起且承担了五分之二任务的自然科学基金重点项目——中国建筑史多卷集就是在这样的背景下完成书稿的。

15

改革开放30年，在经历了政治动荡和自我摸索探讨之后，中国打开了国门，进入了全新的开放时期。中国建筑文化和世界建筑文化的交流首先由高校启动，建筑遗产保护到国外考察学习也是开始于高校和国家直属机关。清华大学陈志华教授访问意大利并将威尼斯宪章等一系列国际遗产保护理论成果介绍到国内。东大建筑学院的许多老师也以不同的形式走出了国门，其中笔者以建筑遗产保护的题目到加拿大进修，董卫到挪威攻读博士的题目是城市遗产的更新，而回国后申报的自然科学基金项目就是借鉴西方的方法论开展研究的《中国建筑遗产资源评估系统模式研究》和《社会转型中的城市更新理论与方法》。中外文化的碰撞必然会产生火花，20世纪90年代，当真实性、历史信息、最少干预原则等思想传入中国时，曾在国家文物局召开的讨论会上引起一场风波，不少专家质疑新的思想概念，一场如何在操作层面将中外经验比较与磨合的讨论由此开始并持续到21世纪，这种讨论的最直接和最积极的成果是推动了国家文物局和美国、澳大利亚等国有关部门合作共同编制了一部既与国际规范衔接又反映中国自身经验的文献——《中国文物古迹保护准则》。

20世纪80年代中国的建筑遗产保护依然带有着强烈的中国特色，这

[一] 见单霁翔在西安ICOMOS第十五届大会上的讲话。

一方面是因为延续着前30年的值得珍视的经验而对国外二战以后大量新的丰富的理论和经验了解不足；另一方面也是因为中国的国情明显不同于国外。历史文化名城运动便是带有这种特色的产物，它比外国的"historic town"不仅是多了一个"名"，而且是由国家批准且分级别，因而有了非学术的法定的意味。此后又有了名镇和名村。这不仅使得建筑遗产从单体向群体、城市遗产发展并获得新的视野，使得规划对保护的作用加大，而且由此形成了中国至今存在的两个主要的保护主管部门、两个并行而又不同的保护体系的二元态势。在名城保护这方面，东南大学发挥了规划专业在详规层次上及新技术应用方面的优势，在名城保护的详规领域和遥感技术应用领域承担了大量的、重要的工作。

20世纪80年代遗产保护工作的一大推动力是旅游。无烟工业的优点加上天然的资源催生着华夏大地的名胜古迹，积淀了自然遗产和人文遗产特点的一种新的遗产类型借着土地国有与强力政府体制应运而生，这就是风景区和风景点。东南大学凭借强大的学术优势最先介入这一领域，建坛耆宿杨廷宝先生在晚年对这一领域最初的工作给予指导，其思想言论由科学院院士齐康先生记录整理，成为改革开放初期的理论成果。东南大学建筑历史学科在这一时期所做的风景区规划与设计大都和建筑遗产地的保护、整治、复建及文化的弘扬相联系。潘谷西、杜顺宝等教授在滁州琅琊山醉翁亭、绍兴兰亭和柯岩、马鞍山采石矶、连云港花果山、甘肃天水麦积山、新疆天池等风景区的规划和设计都紧

密结合当地资源以及国情，在实践中积累了丰富的对此类遗产保护的经验与理论原则。在这种实践中，对新知识的需求也从而催生了学科的分野——诞生了东南大学园林（后改称景观建筑学）这一新的专业，潘谷西教授具有强烈的中国特色和时代特色的园林专著——《江南理景艺术》也问世。

建筑遗产保护活动在这一时期后期已经呈现了向技术和理论两个方向拓展的趋势。其最早的案例可追溯到"文化大革命"期间的麦积山石窟加固工程，但该案例主要侧重于技术方案而对选择中的理念缺少深入的提升，处于特殊的个案阶段。而改革开放初期的苏州虎丘塔加固工程则大大前进一步，通过倾斜观测和地质钻探确定塔的倾斜原因，又汇集全国工程界的精兵强将会诊，决策始终稳妥慎重。该案例给了人们这样一个启示——保护工程必然向技术深层开拓又必然建立理论和决策体系。只是大会战的模式使得该项目的成果迟迟未能面世，从而缺乏影响力。至20世纪90年代，国外有机硅等新型加固材料的引入，历史文献的借鉴推动了多学科并进的保护系统的探索。由东南大学承担主体工程的绍兴印山大墓的保护工作就调动了木材防腐、气体加固、地基基础、结构选型等多种学科专家参与论证。当进退两难、矛盾重重时，由国家文物局考古专家组组长张忠培做了决策——以"两害相较取其轻"一语确定目标，也显示了保护工程的多学科深化的技术发展趋势。东南大学土木学院的曹双寅、邱洪兴等教授在该工程及南唐二陵和明城墙、常熟方塔等加固工程中将现

代土木工程中的多种检测、加固技术应用于保护工程，并且在此后，在不断的内外交流的基础上开办了新专业——结构加固。这些都说明，保护工程的多学科化的技术发展是必然趋势，也体现出东南大学较早地注意了保护技术的深化研究和应用。

改革开放初期缺少资金，但最缺乏的是人才。东南大学在 20 世纪八九十年代在建筑遗产保护工作上做的最有意义的事还有一件，就是在国家文物局和前辈学者的大力支持下，办起了新时期的第一个作为学历教育的古代建筑保护干部专修科，四届共 45 人。他们中不少人现在已经成为我国建筑遗产保护领域的专家，有的已经是国家文物局的专家组成员。作为当时国内建筑历史学科最大的人才培养基地，东大建筑历史学科培养了国内该专业人数最多的研究生，土木学院的结构加固专业则从早期的研究生扩展到本科，成为从结构专业切入的遗产保护体系中的技术骨干。

四　接轨世界的新世纪与新高度

1999 年《中国文物古迹保护准则》编制完成；2000 年，该准则英译本也由美国盖蒂基金会完成，英译本中载有专家层面的中英文术语对照及其解说。这是 20 世纪 90 年代中国加入世界遗产组织后，第一次在保护思想和体系上认真地将中国置于世界遗产保护运动的语境中。2004 年国家文物局《全国重点文物保护单位保护规划编制要求》及相关的资质管理规定出台；2005 年《国务院关于加强文化遗产保护的通知》发布，这些均标志着中国文化遗产保护运动随着新世纪的到来逐渐进入了一个崭新的阶段。一如国家文物局局长单霁翔所说"文化遗产保护进入了一个新的发展阶段和转型时期，文化遗产的概念具有了更为深刻的内涵，文化遗产保护的对象和范围也呈现出新的发展趋势，人们逐渐认识到文化遗产是一个博大的系统，是一个发展的概念，是一个开放的体系，是一个永恒的话题"[一]。

[一] 见单霁翔《从功能城市走向文化城市》，第13页。

这一新阶段的到来是以中国国民经济大发展、国力不断增强、法制观念逐渐深入、中国和平崛起于东方为基础，以 2005 年 ICOMOS 第十五届大会在中国召开等活动为契机。中央政府对文化遗产保护事业的投入从 20 世纪 90 年代初的五至六千万增加到十余年后仅用于大遗址等重点项目的规划费就达五个亿。在这种新的局面下文化遗产保护运动呈现了如下一些特点：第一，文物的概念逐渐被文化遗产的概念代替，国家文物局的英文译名从上世纪的"national administration of cultural relics"改为"state administration of cultural heritage"，20世纪90年代中期以后，中国掀起了申请加入世界自然遗产和文化遗产名录的热潮，中国在成为世界上遗产第三大国的同时，正式接受了申遗的国际性遗产保护的基本原则，接受了"heritage"这一有着更广泛内涵的术语。第二，文化遗产保护运动紧跟国际上新的发展向着广度和深度推进，"文化景观"、"文化线路"、"文化空间"、"环境背景"、"场所精神"等已经成为学界和主管领导思考现实与未来的基本，中国开始了非物质文化遗产申遗和保护的进程，虽然文物法在2002年作了修改，但现实的发展仍然显示，文物保护单位的概念已经无法覆盖社会发展的需求。2008年，历史名城名镇名村保护条例在全国人大通过颁布，从而确定具有法律意义的历史建筑概念。20世纪80年代中期开始的保护运动的二元格局不仅获得加强，并呈现了更为多元的趋势。第三，文化遗产保护运动和资源保护、生态及环境保护、城乡规划全覆盖、城市和谐发展、居民维权等众多社会发展课题相互渗透，成为领导和公众以及房地产开发部门都十分关注的热点领域。

在这样一种历史进程中，建筑遗产保护的学术体系不再是单层次的而是多层次的；不是仅停留在物质表象层面而是向纵深进展；建筑遗产保护在重大项目中已经不是粗放型，更不是古代的随机型而是呈现了一种新的精细型的新模式。建筑遗产保护不再简单地是旅游、旧城改造和风景建设中的一个切

入点，不再简单地只是建筑学和规划学中的一个方向，而是一个新的集多种学科于共同目标待建构的知识体系，建筑遗产保护和建筑历史学科的分野也已经呈现。这个新的体系和这个学科分野在新世纪关注着以下这些特殊问题：第一，国际上的历史遗存的真实性（authenticity）及其背后关注的民族自明性（identity）对国人的意义何在，中外对真实性的认识的差异是什么；第二，遗产保护中的相关关键新技术有哪些，如何构建当代的保护技术框架，这个框架与朱启钤和营造学社开始的中国保护经验和体系的关系是什么，如何看待和如何解决传统建筑工艺的传承问题；第三，包括规划体系、决策程序在内的遗产保护管理的学术基础和法律基础是什么，如何构建保护大系统中的管理系统。

回答这些问题既需要对西方保护历史、理论、经验学习和思考，也需要在国情背景下的实践中的验证和磨合、调整。本文中大量案例就是东南大学学者在这一时期，在新的背景下对这些问题的实践探讨，虽未展开，但其结果已说明问题：2001年，《镇江西津渡保护规划和设计》、《泉州中山路保护与整治规划》获得了联合国教科文组织亚太地区文化遗产优秀保护奖；2002年，绍兴沈园三期工程获教育部优秀设计二等奖；2004年，温州永昌堡保护规划获得了国家文物局技术咨询中心评选的全国十佳文物保护工程勘察设计方案及文物保护规划称号；2008年，徐州龟山汉墓保护设施获得了全国十佳文物保护工程勘察设计方案及文物保护规划称号；2006年，南京南捕厅历史街区传统民居修缮

工程获江苏省文物保护优秀工程评比设计奖；2005 年，南京阅江楼工程获国家优秀工程银质奖；2002 年，常熟沙家浜风景区详细规划获江苏省优秀勘察设计二等奖等。在规划管理决策程序研究等宏观层面则有江苏省历史文化街区保护规划导则的制定和大运河遗产保护规划编制要求的编制等成果。在这背后还有作为科学理论支撑的一系列研究成果：自然科学基金项目《东南地区濒危的传统建筑工艺抢救性研究》、《南方建筑的谱系与区划研究》、《中国工业遗产的保护研究》、《GIS 在城市保护中的应用》，省和部级的科研项目《江苏省大遗址保护规划模式研究》等。还有更为基础性的对遗产资源的价值认知性的高水平的研究成果。虽然在深度和广度上大大拓展，但这仍属于朱启钤所说之"科学之眼光"、"系统之研究"、"儒匠沟通"。与前一个阶段相比更为突出的是"与世界学术名家公开讨论"，在新世纪中东南大学与意大利的罗马大学就南京城墙与罗马城墙的保护开展了深入卓有成效的讨论，与日本著名遗产保护专家洼寺茂先生对江南彩画保护作了实地考察和学术交流，应邀赴韩国参加庆州皇龙寺大塔修复问题的国际研讨会，并积极参与了 ICOMOS，东亚建筑史研讨会。我们的硕、博研究生在国家的支持下赴英、意、日、比、韩等国就遗产保护出国留学和交流，积蓄了力量，一条更长的遗产保护之路在继续向前延伸。

19

【新疆库车历史建筑中的汉文化影响】

贺艳·北京清华城市规划设计研究院

库车位于我国新疆维吾尔自治区南部，塔里木盆地北缘的山前绿洲地带，北临天山山脉，南接塔克拉玛干沙漠。距北京直线距离约2800公里，距乌鲁木齐市直线距离448公里，公路里程753公里。是南疆地区以维吾尔族为主体的多民族聚居地。维吾尔族人口占总人口的88.15%，汉族人口占11.15%；回族人口占0.57%。

库车系维吾尔语Kuqa的汉语音译，古称龟兹，地处绿洲丝绸之路（汉北道，唐中道）与乌孙古道相交的"十字路口"，是丝绸之路上的交通枢纽和重要城市。历史上影响人类和社会发展的四大文明（中国、印度、希腊、两河流域）在此交汇。清乾隆二十三年（1758年）平定大小和卓叛乱后，定名为库车，即"城市"、"十字路口"之意（图1、图2）。

库车早在公元前2世纪就开始建设城市，并先后成为汉代西域都护府和唐代安西大都护府的所在地，即中央政府设置在西域的政治中心，其地位至少相当于现在的省会城市。良好的自然条件、交通优势和政治地位的确立，使库车成为中西方商品物资、宗教文化的交流集散中心，西域绿洲经济、文化的典型代表，经济实力遥遥领先于西域诸城；并成为我国最早的佛教中心之一，佛教、壁画、音乐舞蹈均盛极一时。公元14世纪中叶以后，始改

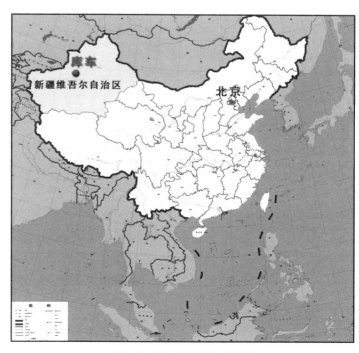

图1 库车区位图（邹峰绘）

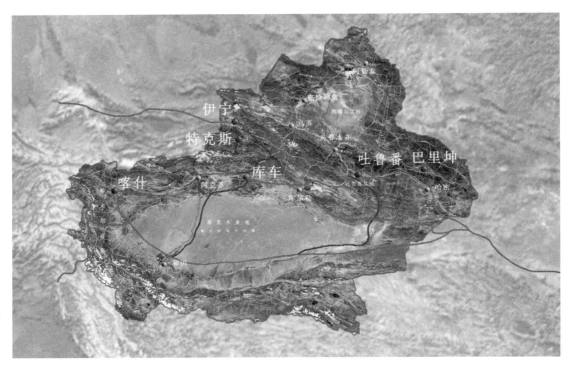

图2 库车环境及区位分析图（刘川绘）

图3 库车所受文化影响示意图（肖金亮绘）

奉伊斯兰教（图3）。

库车历史上先后居住过龟兹土著人、汉人、鲜卑人、回鹘人等，作为世界上少有的多元文化区，它在发展地域文化的基础上，也很好地吸收了以中原文化为主的其他文化。西汉宣帝时就仿效汉长安"治宫室，作徼道周卫，出入传乎，撞钟鼓，如汉家仪"。魏晋时期，墓葬仿汉制，影壁上雕饰斗拱、四灵。唐时重要建筑砖瓦均仿自唐长安大明宫。明清时期的城市格局和主要建筑，也都体现出汉文化的深刻影响（图4）。

因此，现存的库车历史建筑也多具有"兼收并蓄"的混合性特征，特别是在传统维吾尔式的基础上渗透了许多中原建筑文化的影响，是当地维吾尔族、回族人民主动学习汉文化的重要实物例证。

现存的典型实例有：回民大寺礼拜殿、穆罕默德·尼牙孜霍加住宅、不阿依夏木·依明住宅、买买提·阿洪霍加住宅、阿布都哈里克住宅、吾玛艳·阿西木住宅、马福图住宅（回族）、马国良住宅（回族）等。

图4　十六国砖石墓照壁墙上的斗拱和四灵装饰
（库车县文物局提供）

23

一、平面布局

库车民居用地多为不规则的窄长形，进深较大。前半部设置居室和庭院，后部为果园，建筑密度较低。住宅布局、方位和大门开启的方向，并没有特别的朝向要求和轴线关系。

住宅建筑多采用传统的"阿以旺式"或"米黑曼哈那式"组织，形成内向型的半开敞院落式格局，呈 L 型或三合院、四合院格局。有的住宅正房采用三间面宽相等，或明间大于两次间的三开间格局，正对大门设置，但并没有形成对应的轴线关系。部分住宅还模仿汉式住宅设立影壁的做法，在大门与内庭院之间设置了一道木板屏风。

如：不阿依夏木·依明住宅北房位于庭院尽端，外观为相等的三开间，明间设四扇槅扇门，次间各开两扇窗；室内实际为两间，采用汉式夹纱槅扇分隔空间。与传统维吾尔式"明间小，两次间大"的居室格局具有明显差异，仿自内地民居（图5）。

阿布都哈里克住宅，房屋围合在庭院南、东、西三面，庭院北面正对入户大门处设置了一道2米高的木板屏风，屏风上彩绘着具有水墨写意韵味的花卉，而不是伊斯兰教的抽象植物纹饰（图6、图7）。

买买提·阿洪霍加住宅住宅原为四合院（东房现已捐给清真寺），房屋间以U形外廊相连接。西面和北面分别布置一组两间的住房，北面为正房，南面临街设入口和铺面房等。住宅沿街面设置外廊，形成丰富的光阴变化；廊下设大门两扇，分别采用库车本地样式和汉式；檐口仿汉式平顶拍子做法，挂檐板上雕寿字图案、如意云头、盘肠等，与库车民居传统的全封闭外立面风格迥异（图8、图9）。

但值得注意的是，与汉族以高大的楼房体现财力不同，维吾尔族更喜欢高大敞亮的单层房屋和宽阔的庭院，只有用地紧张的住宅才修筑二层用作储藏室等。因此二层部分采用较低的层高，较薄的墙体控制建造成本。

如：瓦帕洪住宅房屋环绕着一个套方形的内庭院布置，入口位于庭院西面偏南，因此南、北两部分形成前、后院的关系。住宅

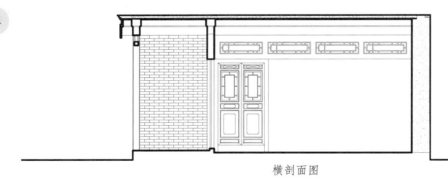

横剖面图

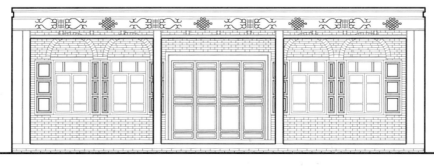

正立面图

0 0.5 1   2.5米

图5　不阿依夏木·依明住宅北房正立面图、横剖面图（安沛君等测绘）

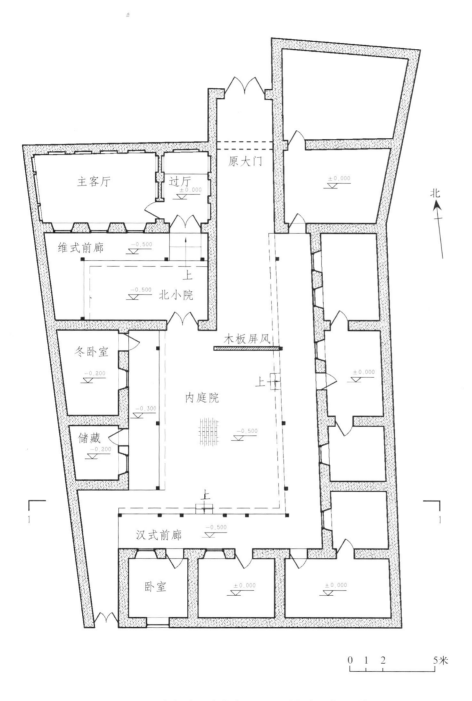

主客厅

过厅
±0.000

原大门

±0.000

北

维式前廊
−0.500

上

−0.500　北小院

冬卧室
−0.200

木板屏风

内庭院

−0.300

上

±0.000

储藏
−0.200

−0.500

上

汉式前廊
−0.500

上

卧室

±0.000

±0.000

25

1

1

0 1 2　　　　5米

图6　阿布都哈里克住宅平面图（安沛君等测绘）

图7 阿布都哈里克住宅木板屏风上的彩绘（贺艳摄）

肋梁、横向满铺的半圆木椽、椽上铺的苇席、苇束、麦草和草泥等构成，形成厚实的小坡度平屋顶。墙身内采用小直径的圆木棍为骨架，柱子与木棍之间填充土坯砖，外面再抹泥，将木骨架全部包起来；墙外多抹灰形成白色饰面。墙体虽厚，但不承重，屋顶荷载通过密肋梁均匀传递到檐枋（或称檐梁）上，再通过檐枋传递给立柱（图12）。

此外，库车民居中也出现了极少量采用抬梁式构架的建筑：以柱架梁，梁上承檩，檩上承椽。椽为纵向排布，椽间距较。椽上铺席、木望板或瓦片，上苫灰背，灰背之上大多盖瓦。由于各檩依次升高，屋面形成斜坡面。

但是，抬梁式结构和斜屋面毕竟不适合于库车地区干旱、少雨、多风沙的气候特点，因此许多住宅主人对于汉式建筑形式的追求，更多采用的是在前檐廊进行局部模仿，实际结构仍采用草泥平屋顶的做法。

（一）直接采用抬梁式

马福图（回族）住宅后院内的二层楼房，就是库车现存最古老、最典型的一座四柱三间抬梁式建筑。楼面阔三间，总宽9.6米，高8.8米，前部为全开敞的通高棚架。前、后卷均采用标准的抬梁式木构架，棚架为四檩卷棚屋顶，正房采用五檩硬山＋前廊（平顶）。檩上纵向列椽，形成斜屋面，椽上铺席，席上苫草泥，不铺瓦。楼体三面砌墙，正面金柱位置安木棂花窗、隔扇门和木板壁。楼梯为L型，布置在楼前右侧（图13～图15）。

吾玛艳住宅临街房，面宽匀分为三间。

正房位于后院北端（北院），坐北朝南，为标准的米黑曼哈那式格局。正房前靠西设厨房，以前廊连接形成"┌┘"组合。庭院东部为一座高约6米的二层储藏用房（图10、图11）。

住宅室内地面多铺砖，少数铺设木地板。采暖使用壁炉和中原传来的火炕。也都体现出汉式建筑文化的影响。

二、建筑结构与构造

库车地区传统建筑结构采用的是草泥平屋顶的木框架土坯墙体系，分为屋顶、梁柱、基础三大部分。屋顶由纵向排列的小断面密

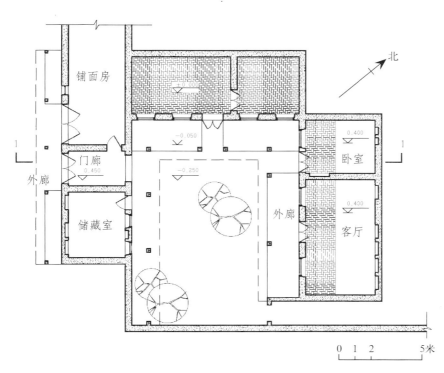

图8　买买提·阿洪霍加住宅平面图（安沛君等测绘）

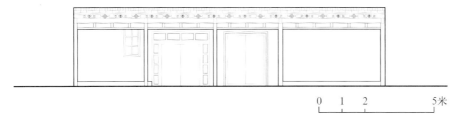

图9　买买提·阿洪霍加住宅南立面图（安沛君等测绘）

进深二间，内柱稍高；后间进深为前间的二倍。前进用短梁，梁尾插入内柱；后进用长梁，从内柱头斜搭至后檐柱头，梁上架五檩。屋面形成平缓弧面。前檐做椽、飞，后檐只出椽子；梁、枋出头均做雕刻（图16、图17）。

马国良住宅的正房三间，明间最宽；前廊内做抱头梁、随梁枋、檐檩、垫板、小额枋以及檐椽、飞椽，挑梁头仿麻叶云头，随梁枋出头雕为桃形。垫板中部透雕象征富贵、清高的牡丹花和荷花等装饰性花纹，上下边框分别雕刻回形纹和万字纹；间柱向外侧和里侧挑出，分别仿云头和斗拱后尾。两侧山墙还作出墀头（图18）。

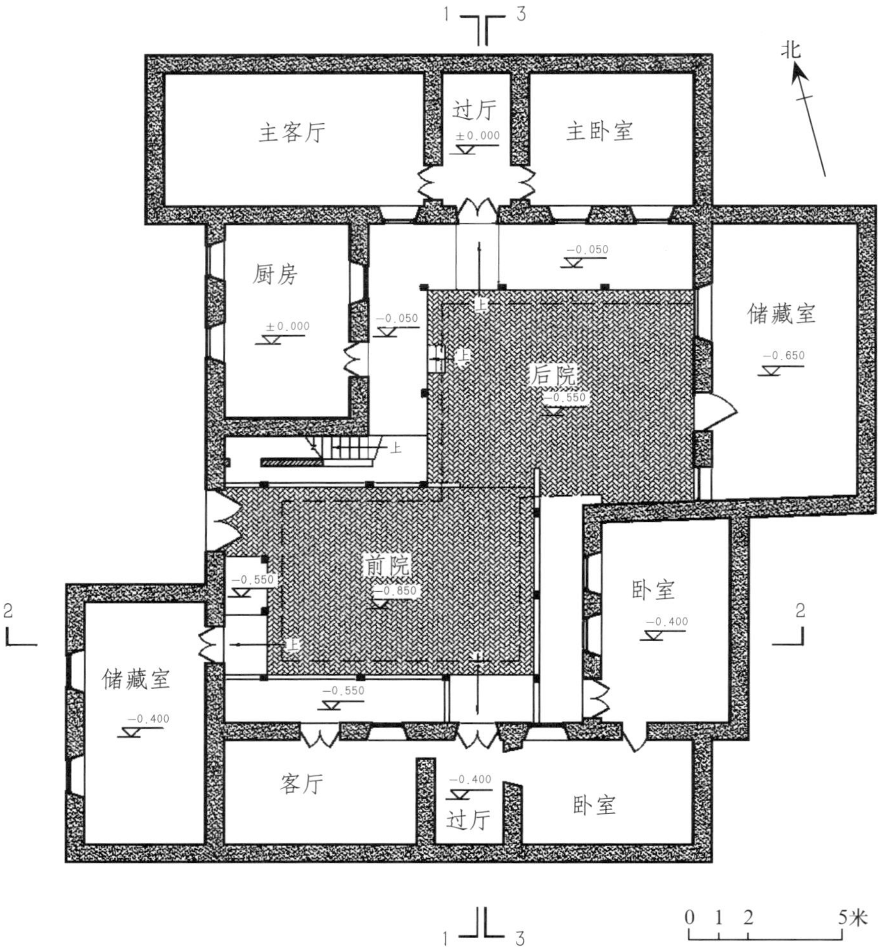

1 3

北

主客厅

过厅
±0.000

主卧室

厨房
±0.000

−0.050

−0.050

储藏室
−0.650

后院
−0.550

上

上

前院
−0.650

储藏室
−0.400

客厅

过厅
−0.400

卧室
−0.400

卧室
−0.400

−0.550

−0.550

上

上

2 2

2 2

1 3

0 1 2 5米

图10 瓦帕洪住宅平面图（安沛君等测绘）

0 1 2 5米

图11 瓦帕洪住宅剖面图（安沛君等测绘）

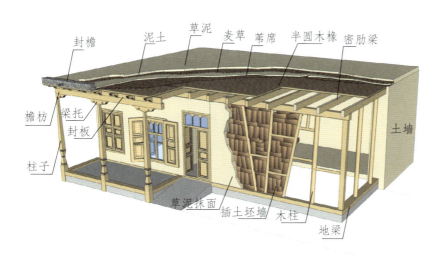

图12 库车民居建筑构造分析图（李自龙绘）

立面图　　　　　　　　　　　剖面图　　0 1 2　　　5米

图13 马福图住宅后楼西立面图、剖面图（安沛君等测绘）

图14 马福图住宅后楼（安沛君摄）　　图15 马福图住宅后楼抬梁式构架（刘川摄）

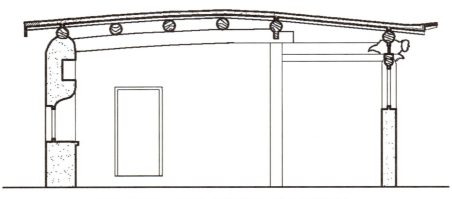

图16　吾玛艳·阿西木住宅剖面图（安沛君等测绘）

图17　吾玛艳·阿西木住宅檐口细部（安沛君摄）

图18　马国良住宅前檐（郭黛姮摄）

　　回民大寺礼拜殿面宽五间，正殿前接出前厅和前廊。正殿采用砖墙承重的平顶木梁结构，前厅则采用五檩抬梁式的两坡顶，前廊为平顶；檐枋上设平板枋，枋上伸出模仿斗拱的装饰构件，"斗拱外拽拱"上承托"挑檐檩"，檩上挑出一重水平放置的椽子和一重上翘椽子之上，还有一重上翘的飞子，使屋顶在檐部形成向上的微翘，并在角部增加了一块"枕头木"，上搭老角梁、子角梁，使起翘的屋檐最后搭在角梁上，并继续向两侧伸展为山面出檐，整体形成了接近歇山顶的外形。礼拜殿的柱子、檐枋以及门窗涂饰红色油漆，梁、枋等处画有"彩画"，但图案和颜色都比较自由随意。模仿斗拱的装饰构件是由几块蝴蝶形厚木板相交咬合组成，分为"柱头科"、"平身科"和"角科"三种，当中的三开间各使用二组平身科，两梢间每间一组，山面使用三组。"平身科"、"柱头科"中部垂直伸出的一块木板相当于"翘"，平行于立面的三层相互隔开的木板，分别相当于"外拽拱、正心拱、里拽拱"。"角科"则由三块垂直伸出的"翘"和一块45度伸出的"翘"组成。但这些"翘"均不承托屋面结构,是纯装饰性的。老角梁与椽子相对应,设上下两重,第一重角梁仿龙头雕刻,下挂垂柱;子角梁与飞子对应设为一重,并向上高高翘起(图19～图22)。

(二)前檐廊局部仿建

帕塔木·扎依提住宅前檐部分外观与马国良住宅十分相像,在檐柱顶设抱头梁和随梁,梁上搁檩,随檩枋与梁身相交。檩上搁汉式檐椽(椽径约为维式屋顶用椽的2倍),檐椽上设连檐和飞椽。但实际上为平屋顶,使用排水嘴排水(在飞椽上方挑出)(图23)。

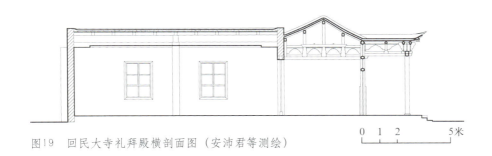

图19　回民大寺礼拜殿横剖面图(安沛君等测绘)

图20　回民大寺礼拜殿(安沛君摄)

图21　回民大寺礼拜殿"斗拱"（贺艳摄）

图22　回民大寺礼拜殿抬梁式构架与彩画（安沛君摄）

图23　帕塔木·扎依提住宅前檐（张倩茹摄）

图24　穆罕默德·尼牙孜霍加住宅前檐廊（刘川摄）

　　穆罕默德·尼牙孜霍加住宅前檐廊木结构则完全模仿汉式的梁柱体系：无柱群、柱头、梁托的矩形扁方柱，直接承托檐枋和廊内短梁，短梁模仿汉式抱头梁，与檐枋十字搭交，挑出柱头以外，顶部还特别加宽；檐枋下隔15厘米设置类似小额枋的横木；柱身与两层横枋之间设类似花牙子的透雕卷草纹；柱、梁、枋均雕出海棠纹。虽然屋顶仍为维式的密肋梁、圆椽、草泥平屋顶，但加设挂檐板，板上满雕连续的万字纹和花瓣纹；檐柱、抱头梁、檐枋漆做红褐色，小额枋和花牙子漆为绿色，明显模仿自清代官式建筑（图24）。

　　阿布都哈里克住宅南房外廊前檐檐口处理与中原常用的平顶拍子相似，采用木质挂檐板，挂檐板上雕刻寿字纹、同心结、如意云头和草龙式卷草纹；柱间用小额枋拉接，小额枋上采用浅浮雕和透雕花卉与回纹组合；并挑出仿抱头梁和斗拱的云头（图25、图26）。

　　采用传统维吾尔族阿以旺式布局的尼牙孜·阿吉住宅，也在后庭院房屋西墙外添设了一道很浅的檐廊。檐下使用直径约15厘米的圆柱，屋顶略有倾斜，以模仿汉地园林建筑（图27）。

三、建筑装饰与装修

在门窗装修与木构件的装饰处理上，库车历史建筑受到的汉文化影响更为突出。

（一）柱子

库车民居中的柱子绝大部分采用无柱裙的方形或矩形扁方柱(柱子截面尺寸多为16×21厘米，方柱和八角柱径25厘米左右，高细比多为1：20)，柱身多无雕饰，仅作海棠纹，极少数在柱身上部砍杀出斜方头，与汉式园林建筑采用的柱子很接近。柱上有的直接承檐枋，有的通过梁托与檐枋相接，有柱头的八角柱及多边形截面柱较为少见。

柱础采用石质或木质；有的露出地面，有的不露出地面；露出地面的石柱础上表面类似鼓镜，但较扁平，上开卯眼与柱脚榫结合。木柱础采用长方形卧木或仿石础造型。有的柱子则直接落到地梁或木炕沿上，不单设柱础（图28）。

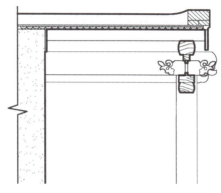

图26　阿布都哈里克住宅南房外廊结构剖面示意图（邹峰绘）

图28　带梁托无柱裙的方柱（刘川摄）

图25　阿布都哈里克住宅南房汉式外廊檐部（贺艳摄）

图27　尼牙孜·阿吉住宅后院檐廊（库车县文物局提供）

图29　买买提·阿洪霍加住宅挂檐板细部（安沛君摄）

34

图30　不阿依夏木·依明住宅挂檐板雕刻花纹（安沛君摄）

图31　马国良住宅额枋与垫板雕花（贺艳摄）

图32　阿布都哈里克住宅挂檐板大样（安沛君等测绘）

图34　库车民居万字纹门扇
（张倩茹摄）

（二）挂檐板、额枋、垫板

挂檐板、额枋、垫板上雕刻中原地区常用的"寿"字纹、"万"字纹、如意云头、盘肠、牡丹花、荷花、松竹梅等图案（图29～图32）。

（三）门窗

居室的门窗多采用双层，亮子、外层门扇和内层窗扇早期使用细密的花棂木格，图案丰富，装饰性很强。外层窗扇和内层门扇则采用凹凸线槽、线脚划分成上下长中部短的三部分，板面饰以几何形贴雕或彩绘花卉图案，少数做万字纹或植物纹浅浮雕（图33～图35）。

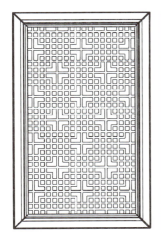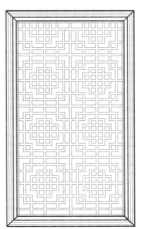

图33　库车民居花格木棂窗
大样（安沛君等测绘）

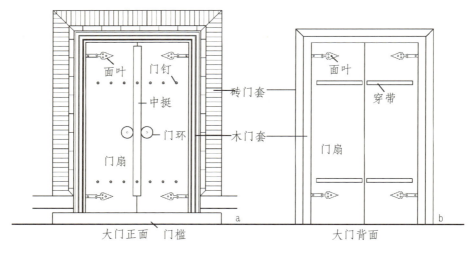

面叶　门钉

中挺

门环

门扇

砖门套

木门套

面叶

穿带

门扇

大门正面　门槛

a

大门背面

b

图36　库车民居大门分析图（邹峰绘）

36

图35　库车民居花格木棂门（刘川摄）

图37　穆罕默德·尼牙孜霍加住宅敞厅彩绘（贺艳摄）

图38　穆罕默德·尼牙孜霍加住宅敞厅彩绘详图（安沛君等测绘）

住宅大门作为封闭外墙面上的主要装饰，造型简洁大方，风格朴素细腻。多采用两扇不施油饰的板门，板门四角施铁质面叶，上下各约1/3部位施一排梅花式门钉，中部安装门环。有的板门还在一扇上安装中挺，中挺上分段装饰以精美的木雕花纹。门框外使用多层线脚的木门套或砖门套。一些较高大的门扇上部还装饰有透雕花边。部分门头上方使用了镂空花板、土龛、小挑檐等加强装饰效果（图36）。

（四）室内装饰

库车民居室内装饰集中在壁龛、墙面及顶棚，喜用石膏花饰、木雕和彩绘。装饰题材上常用汉式纹样和维吾尔伊斯兰风格的花饰图案混合组合，采用疏密有致的几何纹和植物花卉组合，构图手法巧妙，做工细腻，色彩绚烂。

彩画中大量使用汉地民居中的"万"字、"寿"字、"福"字等吉祥图案，和象征着多子多福"榴开百子"、象征"满堂富贵"的牡丹花，以及八卦图等（图37、图38）。

图39 阿布都哈里克住宅天花和墙面装饰（贺艳摄）

图41 买买提·阿洪霍加住宅天花和彩画（贺艳摄）

图40 阿布都哈里克住宅天花中部雕花（郭黛姮摄）

图42 买买提·阿洪霍加住宅天花中部雕花（安沛君摄）

　　室内吊顶的中部多采用均匀的万字纹、锦纹等几何形图案作为主要图形，周圈方格形平綦上装饰以四合如意花纹、团花等对称纹饰，边沿采用"万字不到头"等连续纹饰及联珠纹等线脚（图39～图42）。

【上海真如寺大殿纯度分析】

巨凯夫 · 东南大学建筑研究所

上海真如寺大殿于 1950 年由刘敦桢与蒋大沂先生发现，在翌年发表的《真如寺正殿》一文中，刘敦桢先生比对大殿内构件题字和历史文献的记载，判断大殿建于元延祐七年（1320 年）。此后半个多世纪的时间里，对真如寺大殿形制进行的相关研究将这一断代扩大化了，大殿的现状被等同于建造时的原状，而在这七百年的时间里大殿形制发生的变化被有意或无意地忽略了。

事实上，据《真如寺正殿》（以下简称《正殿》）的记载，大殿在发现之初，许多构件已经经过了后代的更换；现代修缮过程中发现的若干细节也显示，大殿的构件分属不同的年代，这些细节发表于《上海市郊元代建筑真如寺正殿中发现的工匠墨笔题字》（以下简称《题字》）；这次修缮造成了大殿形制的又一次变化，近年由上海现代（集团）建筑设计有限公司出版的《共同的遗产》（以下简称《遗产》）公布了这次修缮的原则与措施，以及部分测绘与设计图纸。得益于这三篇文献的记录[一]，笔者可以对上海真如寺大殿的纯度进行探讨。

一　大殿历史沿革

有关真如寺大殿的主要文章见表 1。

通过对方志的分析，可以确定南宋嘉定年间僧人永安曾主持了一次建设，当时真如寺确切的名字是真如院。元代延祐年间另一位僧人妙心为寺院请得寺额，并主持了一次迁建，由当时称为官场的地方移建到现在的所在地，在这次迁建后真如寺的名字开始沿用[二]。

1950 年刘敦桢与蒋大沂先生发现大殿时，发现联系两前金柱柱头的额枋底部刻有双钩题字"旹大元岁次庚申延祐七年癸未季夏月乙巳二十乙日巽时鼎建"。刘敦桢先生在《正殿》中指出双钩题字是元人常用手法，该题字应为元人所书，路秉杰先生在另一篇文章[三]中提出"鼎建"是新建之意，

39

[一]　本文表格内容均引自该三篇文章。

[二]　对于文献中的一些具体问题如真如寺旧时所在地官场的地点，真如寺曾用名宝华教寺、真如教寺、大寺等，释妙灵主编的《真如寺志》中均有深入分析，但无法得出定论。

[三]　路秉杰：《从上海真如寺大殿看日本禅宗样的渊源》，《同济大学学报》，1996 年 11 月。

表 1

方志		
明正德《练川图记》	明万历《嘉定县志》	明万历《嘉定县志》
清乾隆《真如里志》	清康熙《嘉定县志》	清光绪《宝山县志》
清光绪《真如寺碑记》	民国《真如里志》	民国《宝山县续志》
民国《真如志》	《真如寺志》上海真如寺释妙灵主编	《上海宗教志》孙金富主编
论文		
《真如寺正殿》		刘敦桢
《上海市郊元代建筑真如寺正殿中发现的工匠墨笔题字》		上海市文物保管委员会
《从上海真如寺大殿看日本禅宗样的渊源》		路秉杰
《共同的遗产》		上海现代建筑设计（集团）有限公司
建筑史专著		
《中国古代建筑技术史》		张驭寰、郭湖生主编
《中国科学技术史 建筑卷》		傅熹年
《中国江南禅宗寺院建筑》		张十庆
《中国古代城市规划建筑群布局及建筑设计方法研究》		傅熹年
《东亚视野之福建宋元建筑研究》		谢鸿权

这样，该段题字与方志中的记载有极高的吻合度。由此可以认定，现存真如寺大殿的始建年代为元延祐七年。

此后，真如寺又经历多次修缮，但现有记录对修缮情况语焉不详，修缮规模如何，是否涉及大殿本体，均无从考证。只有作于光绪二十一年的《重修真如寺碑记》详细记录了当时的一次修缮过程。幸运的是，大殿假屋顶正脊（整座建筑的后上平槫）枋材的底部同样有一行墨迹——大清光绪二十年岁次丁酉春王正月二十日吉时重建——可以认证这一记录的真实性，同时，可以推断这次

修缮极可能进行了落架。大殿在现代修缮之前曾有一圈下檐，《真如寺志》、《遗产》诸文献认为这圈下檐加建于这次修缮。

第三个可以确定的时间点是 1963 年 1 月至 1964 年 10 月间的现代修缮，我们今天所见到的真如寺大殿就是这次修缮的结果。

以上可以准确定位的三次修缮是对大殿进行纯度分析的重要时间节点。

二 真如寺大殿的纯度特点

纯度概念随着近年来古建测绘工作的深

入展开日益为学界重视，技术与理论条件的成熟让人们更多地注意到古建筑在建造之后的变动情况。纯度概念通过对建筑现状与建造时原状的对照，对建筑的现存形制进行定性评价。

真如寺大殿纯度分析的特殊性在于，首先，我们并没有十足的客观证据找到大殿在元延祐七年初建时的形制，下文将会说明，能完全认定为初建时构件的只有一处；其次，对真如寺大殿纯度的讨论实际上要划分为两个方面——实物纯度与形制纯度。通常两种纯度间有着显而易见的逻辑关系——实物纯度高的构件，其形制纯度也高，反之，形制纯度低的构件，其实物纯度也值得怀疑。但是，真如寺大殿的现代修缮在抽换古代修缮所使用的构件时，对新构件进行了仿元设计，这一做法使两种纯度间存在的逻辑关系失效了，一些构件在实物纯度降低的同时，却更为接近最初的形制。因此，实物纯度与形制纯度间的关系是纯度分析的重要环节。

三 纯度分析

下面的文字将分别对真如寺大殿的瓦作、石作和木作部分进行纯度分析。《正殿》和《题字》两篇文章对现代修缮前大殿木作情况的详细记录，使我们可以对修缮前的大殿纯度另作分析，并以此作为分析今天大殿纯度的参照。

1．瓦作纯度分析

《遗产》对现代修缮的过程中瓦作的改动情况有所记录，佐以历史照片，我们可以看到大殿现代修缮前后瓦作变动的大概情况。

记录表明今天真如寺大殿的瓦作（表2），实物纯度与形制纯度均极低。

表 2

文章	相关内容
遗产	将清末重修时改建成的五开间重檐样式恢复为元代三开间单檐原貌，拆除清代添加的不合理部分（即拆除重檐），保留元代和一时不能明确何时加在建筑上而有历史价值的部分。
	角梁及子角梁起翘，正脊、博脊高度，鸱尾、垂兽、戗兽形式及博风、垂鱼等，依苏州天池山元代石屋设计复原。

瓦作部分通常是整座建筑中最容易受损，也是建筑修缮过程中最容易变动的部分，因此，现代修缮之前真如寺大殿的瓦作形象最早也不会早于光绪年间的修缮（图1）。

2．石作纯度分析

清代加建重檐部分的柱与础石属于石作部分，但并没有图像资料留存至今。根据《遗产》的记载，今天的真如寺大殿柱础均为新做，实物纯度应为零。笔者对大殿实地调研的过程中发现，大殿山面柱础明显为机器加工制作，但明间八个柱础则具鲜明的人工特点并留下了岁月的划痕，最为重要的是，这八个

42

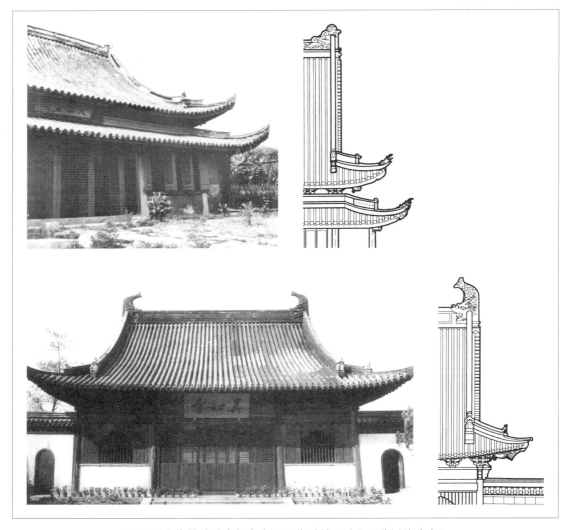

图1　现代修缮前后真如寺大殿瓦作形制　引自《共同的遗产》

柱础与《正殿》记载的柱础形制完全相符，现代修缮前后的照片显示了两者的相似性（参见图2-②、图2-③），其实物年代显然早于山面的八个柱础（表3）。

表 3

文章	相关内容
正殿	周围檐柱用方形石柱，而正面诸柱在柱身上镌刻施主姓名，但勒制很粗率。下部础石也用粗糙的平石，未加镂雕。
	柱础形状，下为素覆盆，上施石踬。明间后金柱二处，在石踬上，再加二尺左右的石柱一段。
遗产	大殿16组柱础中，六组为元代原物。
	这次修缮时，柱础全部重新做，砖砌大方脚下铺碎砖、水泥、黄砂、三合土，比原来抬高45厘米。

图2　真如寺大殿柱础形制图
（图①②④胡占芳摄；
　图③引自《共同遗产》）

①真如寺大殿后金柱柱础现状
②明间其他柱础现状
③东次间前檐柱柱础基础照片
④山面柱础现状

柱础是建筑中最坚固耐用的部分，通常在后代修缮过程中被更换的几率较小，现有的柱础形制纯度可以推到光绪年间的修缮之前，甚至极有可能接近初建时的形制。这是因为，元延祐七年的题字至今仍完好地保存在前金柱间枋材底部，可知光绪年间，以及之前的数次修缮工程均非完全的重建，可能未涉及柱础部分。唯后金柱柱础的石礩部分加高，与其余六个柱础不同，难以判断石礩部分是元代实物还是后代更换。《正殿》一文只记载了与明间八个柱础相印证的柱础形制，并没有提到櫍形础。同样《遗产》测绘图和实物照片中也只绘制了这两种柱础形制，因此山面的八个柱础形制纯度较低。

3．木作纯度分析

《题字》记载了54则现代修缮时发现的榫卯处题字，并试图拉近带有题字的构件与大殿初建年代的联系，其理由有三：首先，墨字皆出现在柏木和红松制构件上，砍制手法接近宋代，杉木上无墨字；其次，墨字绝大部分位于殿内不易糟朽的部分，内容与《营造法式》相合者居多；再者，大量墨字笔迹相同。

这三条原因具有极重要的价值，但并不能充分建立与始建年代的密切关系。第一条的重要性在于确定了不同材质构件的年代次序——有字的柏木、红松木构件早于杉木构件（图3）。明清斗拱与宋元时期斗拱在样式上——如象鼻昂形制——确实存在着较大的不同，通过砍制手法判断其时代不失为一种方法，但这种判断在确定不同材质构件的时间前后上更有说服力，

却不能确切定位构件产生的时间点。第二条中，墨字构件的位置佐证了首条柏木和红松木构件早于杉木质构件的判断，但墨字只有杪头、平棊字样与《法式》相符，金柱、随梁、眉、科等内容则更接近清式叫法，题字内容并不能有力地证明其年代。第三条无疑可以证明带有墨字的构件产生于同一年代，十分遗憾的是，可以明确断定为初建时构件的只有一处——底部带有元人双钩题字的前金柱间额枋，其榫卯处并没有发现工匠墨笔题字，两种题字之间缺乏必要的交集，因而54则榫卯处题字的构件或许十分靠近初建的时间，但是在逻辑上却始终缺乏重要的一环将它们相衔接。

《遗产》对某些构件——如梁栿、丁头拱——的更换情况未有详细说明，对此类构件的纯度判断只能依照现代修缮的主要原则，认为其保留了原物或原形制。现代修缮的主要原则如下：基本上以复原为原则，元代原件凡可以使用的，原则上将原件至于原位，不加改动，一时难以判断为元代或明代的构件，以及腐朽残坏的构件，依元代原件复原。对失去依据的部分，处理原则是："凡属原建筑梁体结构中不可缺少的，与该建筑的牢固与维护有直接影响的部分，按照元代样式修复，属于纯艺术装饰部分，因原始依据已失，又与整个建筑结构的牢固关系不大，根据节约精神不做修复。"

4．斗拱纯度分析（图4、表4）

杉木制斗拱均使用象鼻昂，昂制较为古老的斗拱为红松木制，且有题字，可以证明

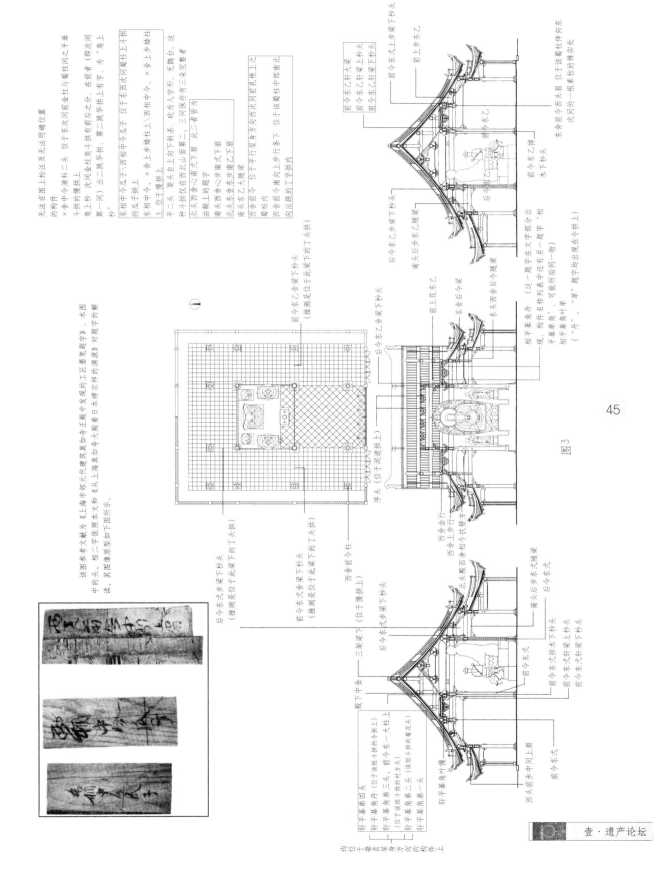

图3

表 4

文章	相关内容
题字	现存外檐斗拱中，有时期前后四种不同形式，最古的一种为红松制，……背面有墨字"平二头"，此种斗拱仅在西北山面第二、三间保存有三朵完整者，且腐朽程度严重。
	第二种形式亦为红松制，昂嘴已向上拳曲若象鼻形状，断面仍作人……均无字迹，此种斗拱亦不多，仅二三朵，且不完整。
	第三种形制为杉木制，昂嘴作象鼻形，断面呈矩形……亦无墨字，数量不多。
	第四种形式亦为杉木制，与第三种同……这种数量最多，正面三间全部都是。
	全部有字斗拱的卷杀，都与杪头卷杀手法一致。
正殿	现存上檐斗拱，有二种不同的式样：（甲）正面明次三间和山面南端一间的昂嘴，向上拳曲若象鼻形状，面拱两端的卷杀，在拱瓣的角上，刻凹曲线。
	（乙）其余山面和背面的斗拱，如果与北方建筑比较，它的昂嘴形制，适位于元明二代之间，尤以昂下面的华头子为水平型，并在其上刻略似壶门形式的曲线，昂嘴断面为人字形。
	东山面与背面的斗拱，因与博脊冲突，将昂嘴截去一部分。
遗产	外檐斗拱仅有西北角三朵为元代原物，而且大部分已腐朽，不堪使用，经拼合后尚可完整地保留一朵，作为标准。其余41朵全部依次复制。

图4
①修缮前昂的两种形制
②元代外檐斗拱
③外檐斗拱现状
④修缮前人字形昂嘴
⑤昂嘴现状
⑥修缮前外檐斗拱
（①②④引自《共同遗产》
　③⑤胡占芳摄
　⑥引自《题字》）

这些斗拱与其他有榫卯题字的构件属于同一时代，且早于杉木制构件。这一线索，同样可以用以推断其他构件的纯度。《题字》与《正殿》两文互证，可以确定现代修缮前斗拱的纯度，西北角的三朵斗拱纯度最高，正面斗拱与山面南端一间的斗拱实物与形制纯度均较低，东山面与背面斗拱昂嘴被截去，无法确定形制纯度。

图5　①现代修缮前仅存元角柱（引自《共同遗产》）
　　　②真如寺大殿明间后檐东平柱（喻梦哲摄）

5．木柱纯度分析（图5、图6、表5）

《遗产》明确了现在大殿斗拱的纯度：西北角的某一朵斗拱形制与实物纯度等同于现代修缮前西北角三朵斗拱的纯度，其余41朵外檐斗拱依次样式复制，形制纯度较高，但实物纯度为零。需要注意的一点是，《遗产》实物照片中元代斗拱的昂嘴为人字形（图4④），与今天的昂嘴和《遗产》照片的五边形昂嘴不同（图4⑤⑥）。

根据文字记录可以确定修缮前四根金柱、西北角檐柱为柏木制柱子，纯度较高，明间蜀柱和两根次间蜀柱为红松制，纯度与金柱同。《遗产》所说所有柱子均为柏木制，应是错误的说法。《题字》、《遗产》均提到了柱子的侧脚情况，并且侧脚现象不单出现于檐柱，也出现于金柱，这与我们通常认为的檐柱侧脚不同。在榫卯使用普遍的江南地区，侧脚会对榫卯产生

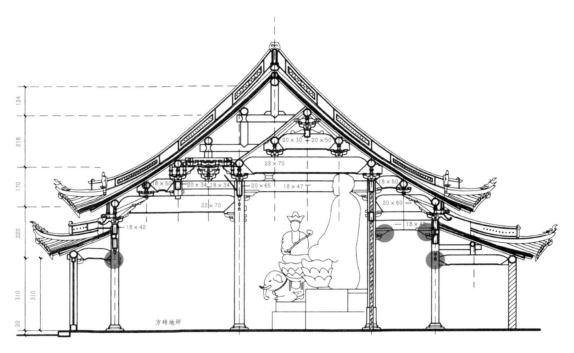

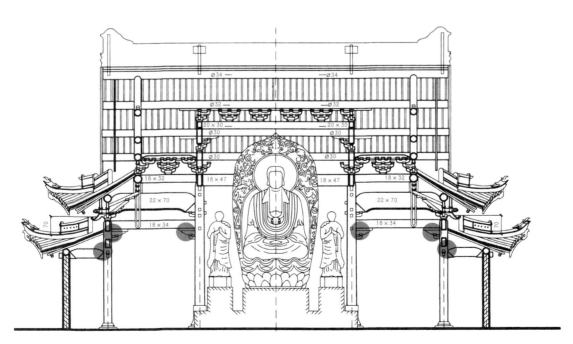

图6 真如寺大殿现代修缮测绘图，引自《共同遗产》

表 5

文章	相关内容
正殿	殿内全部使用木柱，柱身上端，多数具有卷杀，而以明间四金柱的形制比较秀美。但西次间有二柱没有卷杀。
题字	殿身共有柱子十六根，其中十根为柏木制，六根为杉木制。
	杉木制的柱子全部无字、无侧脚、无十字形通孔、无覆盆式卷杀。
	明间蜀柱为柏木制。次间的蜀柱有两根是红松的，两根是杉木的，红松的与柏木的蜀柱，砍制手法完全相同，有覆盆式卷杀，有字。杉木制的蜀柱，无覆盆式卷杀，亦无字迹。
	殿内明间用前后金柱四根，都是柏木的，前金柱仍完整，底径40厘米，全长621.5厘米，柱身上端有如覆盆式之卷杀，柱底有十字形通孔，柱身中部微凸二三厘米呈梭状，并向内侧16厘米，侧脚约当柱高的2.5%。
	西次间山面前檐柱底径32厘米，全长428厘米，侧脚8厘米，约当柱高的1.8%，砍制同金柱，惟其上端之卷杀秀美程度稍逊于金柱，亦为柏木制。
遗产	柱均为柏木制，中间柱子直径40厘米，高6.45米，两侧檐柱直径32厘米，高4.28米。柱身呈梭状，中部微凸2～3厘米，均有侧脚向中心倾斜。

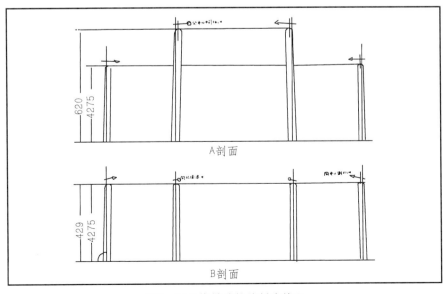

图7　现代修缮前柱的侧脚情况

表 6

文章	相关内容
正殿	上檐额枋的断面狭而高。平板枋薄而宽。它们的前端，伸出角柱外部分，垂直截去，未彫为楷头绰幕或霸王拳形式。
	额枋的断面，因过于高狭，不得不用数木拼合。
题字	红松制阑额和由额有字迹。
	普拍枋全部为杉木制，无字，至角柱出头。
	阑额至角柱出头作霸王拳形，均为杉木制，无字。

表 7

文章	相关内容
正殿	因屋顶渗漏，东北二面的梁架，已有一部分糟朽。
遗产	橡子出檐长度依中央文化部意见为 150 厘米。
	角梁及子角梁起翘，……依据苏州天池山元代石屋设计复原。

表 8

文章	相关内容
正殿	天花已经凋落，但（平棊）斗拱依然健在。
题字	平棊斗拱的榫卯题字依位置不同称为"轩平棊"、"桐平棊[一]"
遗产	平棊格子因殿内原始依据已失，参照永乐宫三清殿及苏州玄妙观设计复原。
	恢复南北立面木门，形式为槅扇门，槅心为正搭正交棂条。恢复南北立面木窗，形式为直棂窗。

不利的影响，到底这种现象的产生是因为几百年来自然力的作用，还是工匠刻意为之，很难在实物痕迹中找到答案。

《题字》记录大殿修缮前四根金柱均为梭柱，《遗产》同样提到了大殿的梭柱形制，现场调研的结果是并未发现梭柱的存在。大殿修缮前测绘图描绘了当时下檐梁栿后尾插入内柱（今天的檐柱）柱身，在联系金柱与内柱的随梁枋端头，均有丁头拱承托，今天只有极少数柱子的相应位置能够找到卯口留痕（图7），由于并不能探寻这些留痕的成因，且无法确定每根柱子在现代修缮前的纯度，因而也无法进一步证明这些带有卯口痕迹的柱子的纯度。以上两条线索可以说明大殿的十六根柱子绝大部分在现代修缮过程中被换掉了，其实物纯度几乎为零。形制纯度上，

图8　左图现代修缮时平棊斗拱，引自《共同的遗产》；右图平棊斗拱现状，喻梦哲摄

大殿中的柱子顶部均做了覆盆式卷杀，但没有保留梭柱做法，从视觉上判断，大殿柱子也没有使用侧脚。

6．阑额普拍枋纯度分析（表6）

普拍枋全部为杉木制，说明其实物年代和形制纯度均较低，是古人修缮时所加。无法确定大殿在初建时，是否使用了普拍枋。笔者在硕士论文中，依照大殿与日本禅宗样的亲缘关系，推测普拍枋是古人依照大殿更早的形制进行仿制的结果，当然，这一主观推测并不能作为判断其形制纯度的依据[二]。

两文对阑额出头的做法记载不同，《遗产》测绘图也未表达阑额出头部分形制，让人难以推断现代修缮前阑额出头的具体做法。这也为分析今天的真如寺大殿阑额纯度造成了困难，只能依据形制进行主观判断——一般来说，霸王拳的做法时代较晚，今天的真如寺大殿阑额出头部分形制纯度可能较低。

《遗产》并未公布阑额普拍枋修缮时的更替情况，无法判断实物纯度。

7．梁栿、椽纯度分析（表7）

《遗产》未明确梁栿的更换情况。只能依修缮原则判断，现有的梁栿在形制纯度上与现代修缮前接近。椽子、角梁的实物和形制纯度均极低。

8．小木作纯度分析

小木作门窗部分的形制与实物纯度均极低（表8），现代修缮前，平棊斗拱内发现了大量的工匠题字，可以依据修缮原则，认为现有平棊斗拱基本保留了修缮前的纯度，但在一些细节处理上还是出现了一些变动，如菊花头在修缮前有一内凹的弧线，但修缮后则改为直线了（图8）。

51

[一] 路秉杰先生认为"桐"平应为"相"平。路秉杰：《从上海真如寺大殿看日本禅宗样的渊源》，《同济大学学报》，1996年11月。

[二] 巨凯夫：《上海真如寺大殿形制探析》，东南大学硕士论文。

四　结语

　　本文是在相关资料不断公布的基础上，对上海真如寺大殿构件纯度的进一步分析。这篇文章对以往将真如寺大殿现状等同于原状的观点提出了不同看法，但并不否认这些学术文章的价值。建筑史研究正是在不断的修正中一步步接近历史的真实。笔者相信，随着新资料的发现，这篇文章也会在将来的某个时间得到修正，从某种意义上说，这正是本文的意义所在。

参考文献：

[一]　刘敦桢:《真如寺正殿》[J],《文物参考资料》，1951 年 6 月。

[二]　上海市文物保管会：《上海市郊元代建筑真如寺正殿中发现的工匠墨笔题字》[J],《文物》，1966 年 4 月。

[三]　上海现代（集团）建筑设计有限公司：《共同的遗产》[M], 2009 年 10 月版。

【三维激光扫描技术在石质文物劣化过程实验中的应用】

汤众　孙澄宇·同济大学

　　中国具有悠久的历史文化，遗存有大量石质文物。相对于西方大量的石刻雕像，中国还有大量的文字图案碑刻。在这些石质碑刻文物中，除了一些可以馆藏于室内或有顶覆盖（碑亭、碑廊等）的，还有很多是完全暴露于自然环境中终日遭受风吹日晒的摩崖石刻。要保护好这样的石质文物首先就要研究其劣化的过程和原因。而在研究石质文物劣化过程的时候就需要量化记录石质文物劣化前后的变化（图1）。

　　在研究具体地区的石质文物劣化过程和原因时，首先会采集与石质文物相同材质的石料制成试块，并在其侧面也刻上文字或图案。然后将这些试块在实验室中用连续循环浸水、加热、冰冻等方法模拟其在自然界遭受的各种侵蚀进行加速劣化（图2）。

　　石质试块在经受劣化实验之后，主要的变化会体现在试块表面被侵蚀的程度。这种侵蚀可以从试块的几何尺寸变化上体现出来。当然只是经过短时期的劣化实验试块的这种变化是极其微小的。

　　由于天然石材并非匀质物体，试块表面的加工也很粗糙，因此不能使用游标卡尺或螺旋测微器之类的传统测量物体微小几何尺寸变化的手段进行测量。为此我们最终采用三维激光扫描技术来采集试块表面的微小几何尺寸变化信息（图3）。

　　三维激光扫描系统也是建立在激光干涉长度测量和角度精密测量基础上的极坐标测量系统，具有快速、动态、精度高等优点，在机械制造、模具加工、工业测量等领域得到广泛应用。它通过用户设置的扫描区域、扫描间隔等参数进行自动化扫描，扫描数据的单点位精度可以达到毫米

图1　武夷山摩崖石刻

级，是目前逆向工程领域的高端仪器。近年来，三维激光扫描在医学、工业、土木工程等领域的生产应用呈现了新的发展高潮。

三维激光扫描仪通过投影一束激光到物体上，同时扫描棒端的相机从两端来摄录光束，以记录对象的三维曲面。扫描棒采用运动跟踪技术。应用磁跟踪器来确定扫描棒的位置和方向，使计算机能够重建物体的完整三维表面。三维激光扫描仪利用电磁技术来采集物体表面的几何信息，很适合扫描不导电、不透明的石质试块（图4、图5）。

三维激光扫描以高密度的点（间距小于0.2毫米）采集物体表面的几何信息，这样就使得试块表面各处的微小几何变化都可以被比较出来。在试块被劣化之前先将其进行三维激光扫描记录下其原始的表面几何信息，作为以后比较分析的基础数据。

试块的劣化实验结束后再进行扫描，以观察比较试块的表面被侵蚀的变化程度。将两次扫描的三维点云数据在垂直方向进行剖切，得到试块相对两个表面两次扫描后的剖切线。

从得到的剖切线图中可以观察到经过劣化实验后试块的表面几何尺寸发生了细微的变化，而且这种变化是不均匀的，表明劣化程度深浅不一。根据粗略的观察，其劣化深度约为0.2毫米（图6）。

剖切线所能观察到的变化需要进行量化的统计分析。由于目前每个试块表面点云数据包含有不少于65k个点的空间几何信息，需要通过特定编制的计算机程序计算每次扫描后试块表面各点至试块重心的距离以及其平均距离，然后通过比较两次扫描的平均距

离差，即得到可以描述试块劣化程度的一个量化指标。为减少误差和方便不同试块间横向比较，参与数据比较的点云选取试块中段刻有文字的部分（图7浅色部分）。

计算平均距离分以下两步进行：

第一步：计算点云重心 P（Xp,Yp,Zp）

$$X_p = \frac{\sum X_1 + X_2 + \cdots + X_n}{n}$$

$$Y_p = \frac{\sum Y_1 + Y_2 + \cdots + Y_n}{n}$$

$$Z_p = \frac{\sum Z_1 + Z_2 + \cdots + Z_n}{n}$$

n 为点云中点的数量；

第二步：计算所有点到点云重心 P 的平均距离 $\overline{D}$

$$D_i = \sqrt{(X_i - X_p)^2 + (Y_i - Y_p)^2 + (Z_i - Z_p)^2} \quad i \in [1,n]$$

$$\overline{D} = \frac{\sum D_1 + D_2 + \cdots + D_n}{n}$$

n 为点云中点的数量。

上述每一石块中各点到达重心的平均距离被定义为一个定量衡量石块收缩程度的指标，这样既可以避免同一石块各向细部所带来的度量标准化问题，又可以对不同实验阶段的石块的收缩程度作出数值上的比较。

当然，对于数万个点的计算统计是不可能用手工进行的。首先将三维激光扫描产生的点云模型文件中的被选择的各个点的坐标信息抽取出来。然后编制特定的计算机程序自动逐个分别读取各个点的三维坐标中的各维度的坐标值进行计算（图8）。

经过统计计算的结果除了以文字和表格

图2　实验用的试块

图3　螺旋测微器

图4　三维激光扫描工作状态

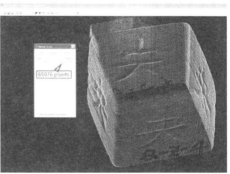

图5　三维激光扫描工作状态与结果

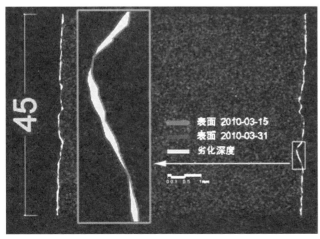

图6　试块相对两个表面两次扫描后的剖切线比较

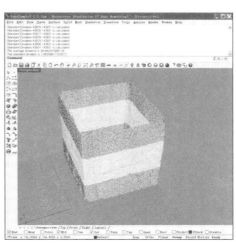

图7　点云数据处理过程

壹·遗产论坛

的方式进行表述以外，也还可以很形象地以图形方式加以表现（图9）。

此项实验是三维激光扫描技术在文物保护中的又一项应用。与在建筑测绘中不同的是此次使用的是高精度的近距离三维激光扫描仪。其工作距离在1米左右，精度达到0.1毫米。通过计算统计，对于定量分析石质文物劣化过程中的几何尺寸的微量变化是非常科学有效的。如今的文物建筑保护是需要更多技术支持的，特别是数字化的信息技术在文物建筑保护中可以得到很好的应用，希望更多的同行学者能够加入此中。

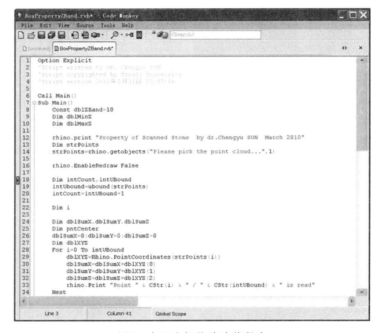

图8　点云坐标统计计算程序

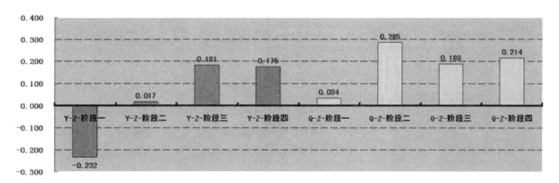

图9　试块表面各点至重心的平均距离数据变化图

参考文献：

[一]　《天然饰面石材试验方法》GB9966-2001，2001年。

[二]　《建筑材料与检测技术》，武汉理工大学出版社，2004年8月版。

[三]　《登封汉三阙文物保护监测体系构建研究》，

2008年10月版。

[四]　路杨、汤众、顾景文等：《历史建筑的空间信息采集——三维激光扫描技术应用》，《电脑知识与技术》（学术交流）期刊，ISSN:1009-3044(2007)08-20540-03，2007年第2卷第8期。

「建筑文化」

貳

【宋元东亚建筑之柱间联系构件举要】

——以中国大陆江南、福建建筑及日本列岛大佛样、朝鲜半岛柱心包为例

谢鸿权·东南大学建筑研究所

东亚建筑发展的历程，从建筑技术的角度，也是构架整体稳定性进步的过程。宋元时期又是构架稳定性发展的关键时段，其显著特征就是：加强结构整体性的联系构件之进步，尤以柱间联系构件的发达为代表。

广义而言，鉴于柱子在东亚木建筑构成的重要性，以及其位于屋架至基础间承重传递线路相对末端，基本上所有具有一定跨度的构件都与柱子发生了直接或间接的联系；而此处要讨论的主要是指狭义上的柱间联系构件，即与柱身直接交搭的梁枋类构件。依据潘谷西的研究，《营造法式》中柱子之间主要的联系构件主要有额、串两大类：额有阑额、檐额、由额、屋内额及地栿，串有顺脊串、顺栿串、顺身串、承橼串等（图1）[一]。依据《营造法式》的规定略作区分：额类构件列于大木作制度中的单列条目中，当为大木作构架中必须之要素，且因尚需承托补间铺作等，故其断面亦相对较大[二]，有时为圆身卷杀，且入柱处常与绰幕方等组合，至柱身有只到柱心及出柱等多种样式；而串于书中列于侏儒柱条目之下，种类较多，构

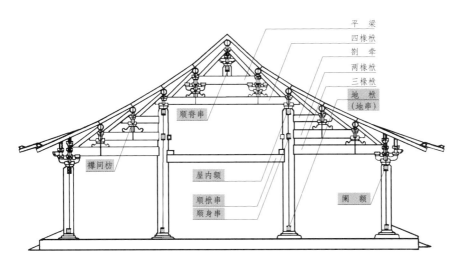

平梁
四橼栿
劄牵
两橼栿
三橼栿
地栿（地串）
顺脊串
屋内额
襻间枋
顺栿串
顺身串
阑额

图1　厅堂构架中的柱间联系构件简图

[一] 潘谷西：《〈营造法式〉解读》，第71页。其中的屋内额也可用于驼峰间。构架中拉结作用类似的襻间枋，联系于槫缝下的蜀柱、铺作、驼峰之间，如果位于承槫铺作最下层斗的斗里之下者，则可归为顺身串，而位于该斗斗里之上，属于铺作组成又离槫较近者，归为襻间枋更为合适（如《营造法式》卷三〇槫缝襻间图样所示）。通间替木亦有拉结补强作用，不过多数是作为铺作构成部分出现，当归为类似柱头枋者，与串略有不同。柱头枋也是容易与串发生混淆的构件，比如金华天宁寺明间后内柱之间的柱头枋部分插入柱顶，有顺身串之意。此外，据《营造法式》卷五"侏儒柱"条，"凡屋如彻上明造，即于蜀柱之上安斗。——斗上安随间襻间——"，可知襻间枋当在蜀柱承坐斗之上者。不过，当蜀柱不用坐斗，直接承槫(枋)时，则两者就不易区分了，如甘露庵中平槫缝上的襻间枋。而且，此般以柱、蜀柱直接承托屋槫(枋)的构架中，还容易与穿枋混淆，故当在具体描述时注意。

[二] 依据《营造法式》记载，其中额的断面未必皆远大过串，如卷五大木制度二中的"屋内额"，广一材三分至一材一栔，厚取广三分之一，就与足材串很接近了。

件断面常见为方形，其广小于或等于一足材，出柱作丁头拱或绰幕方，构件相对独立，为非必须的补强联系构件。要之，额或为大木作结构必须构件，而串或为结构补强构件。

一 串、贯、昌枋

太田博太郎在论及日本中世时期的建筑时，将大佛样与禅宗样引入的"贯"的使用，促进了整体结构性能，作为日本中世建筑发展的重要因素[一]。嗣后，田中淡梳理日本中世以前木构实物所见的贯，大抵是建治（1275～1277年）、正应（1288～1292年）年间补的，即中世以前日本尚未采用贯拉结柱间的手法，并且，大佛样在日本的贯的引进过程中起着十分重要的作用[二]。后藤治也描述了类似的过程：中世时期贯技术弥补了和样建筑的构造缺陷，增强了柱框层的稳定性，使之后来可以与屋顶层分离，引发了桔木构造、六枝挂设计技术等系列变化[三]，故贯的引入作为"中世建筑的技术革新"对日本列岛而言，意义非凡。

依据日本列岛的"贯"的称谓使用情况（图2），当包含了前述的额类与串类，再依据位置分为几种，如柱头者称头贯、柱身者称腰贯。需要注意的是，日本的"贯"似没

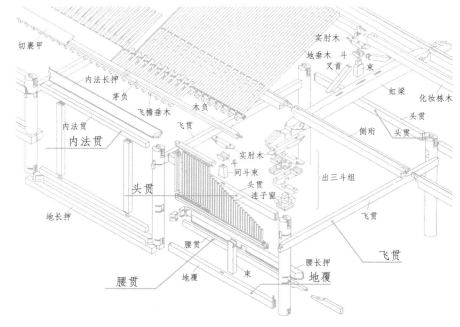

图2　日本古代建筑中的"贯"

有大木作与小木作层次的明显区分，如门扇中槛，日人称内法贯。在中世的大佛样建筑中，贯的使用十分发达，如东大寺南大门的进深方向柱间就有六道贯（穿枋）连接，并且出柱作插拱承托屋檐，柱间的联系构件有地覆、腰贯及头贯串接；净土寺净土堂所有柱之底部皆用足固贯，四内柱间皆用出柱砍方头的头贯连接[四]，外檐柱间有胴贯、腰贯、飞贯、头贯等串接（图3）。

朝鲜半岛现存最早的木构就是柱心包建筑，其柱间联系构件使用已较成型，而此前的历史演变线索在木构中杳然难测[五]。韩国学者用昌枋[六]称呼柱间联系构件，无论额类或是串类皆用之，再于前面加作为定语的位置方向细分，如阑额称为"昌枋"，顺身串则是"檩方向昌枋"，顺栿串是"梁方向昌枋"。在柱心包的实例中，昌枋的用材更接近铺作

图3 净土堂头贯分解图

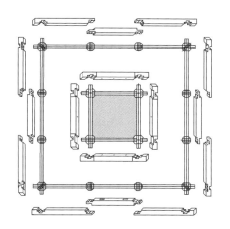

表 中国、日本列岛、朝鲜半岛柱间联系构件名称简表

项目		地域 中国 宋代	清代	日本列岛	朝鲜半岛	备注
大木作	额类	阑额	大额枋	头贯、柱贯	昌防	
		由额	小额枋	飞贯、头贯	浮昌防、别昌防	别昌枋一词较少用
		檐额				纵架用
		屋内额		引贯	轵昌防（承托下层椽后尾）	
		地栿		足固贯、地覆	下引枋	地串
	串类		草架穿梁	小屋贯		
		顺脊串	脊枋	贯	宗昌防	
		顺栿串	随梁枋	梁下头贯、贯	梁方向昌防	
		顺身串			檩方向昌防	
		承椽串				
		腰串		腰贯	中防	墙身中段施用
	枋类	襻间枋		通肘木	浮长舌、宗昌枋	

［一］（日）《世界建筑全集 2 日本Ⅱ 中世》，第4页。

［二］（日）田中淡：《中世新样式における构造の改革关する史の考察》，《日本建筑の特质》，中央公论美术出版社，昭和五十一年，第282页。

［三］（日）后藤治：《日本建筑史》，共立出版株式会社，2004年版。

［四］ 此搭接方式与福州罗源陈太尉宫阑额搭接接近。

［五］ 其实，在早期的间接资料中，比如高丽以前的金铜塔中，可以看到柱间有水平联系的构件，而且这些构件还有一部分是缠绕在柱身外的，类似日本建筑中的"押"，不过韩国学者经研究多认为，这种箍绕柱身的水平构件，只是出于青铜塔制作的考虑，而不是"押"。参见：金庆彪，고려 금铜塔을 통해 본法住寺捌相殿의构造形式系统，（韩）《建筑历史研究》，2005年第3期。

［六］ 韩文作：장방，有译作昌防。该词已知最早出现于17世纪的系列仪轨建筑文书中，以《华城城役仪轨》最为有名。汉字有写作"昌枋""昌方""昌防"，当以昌枋为合适。

61

中的材广，而与《营造法式》规定的阑额广厚相去甚远，比半岛后来的多包建筑之阑额广厚亦小，估计当与柱心包建筑不设补间铺作有关，而设补间铺作的多包建筑不但阑额大，且阑额上多另设平板枋（半岛称"平枋"）。柱心包建筑的联系构件，最多用于建筑的周圈柱上，以形成闭合的框，其次则是纵向（面阔方向）柱列之间,柱头基本都设有额（或串）沟通（图4）。

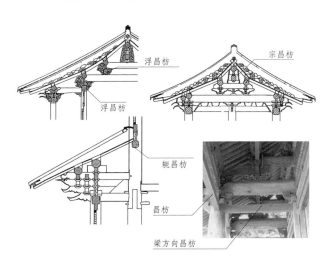

浮昌枋

宗昌枋

浮昌枋

轭昌枋

昌枋

梁方向昌枋

图4 朝鲜半岛的"昌枋"

从以上构件名称可以看出，中国以《营造法式》为代表所见的宋代联系构件之应用，于大木或小木层次已较清晰，且因用材大小、受力等情况又可分为额与串类，也包含部分枋类；而日本列岛、朝鲜半岛都基本是以"贯"、"昌防"作为基本大类，未再作细分，而是根据施用位置以不同定语描述不同的构件；且似乎形态相近者多被归为一类，如朝鲜半岛，将内柱"屋内额"与檐栿上驼峰间的"顺身串"，皆称为"浮昌防"，二者

用料也接近。此外，朝鲜半岛柱心包建筑中，额类构件相对不发达，与不设补间铺作当有密切关联，其阑额用材与柱头枋差别不明显，断面亦皆为扁平方材。日本列岛大佛样的贯构件中，有部分为圆作月梁形，部分为扁作方材，但皆归为一类。相对而言，日本列岛、朝鲜半岛的柱间联系构架的名物定义，未见如《营造法式》一般细密划分。

二 江南建筑的顺串

在宋元时期各地域建筑内，相关的柱间联系构件，以江南地域的顺栿串最有特色，且影响甚大，不但为《营造法式》（1100年）所辑录，且在推动明代官式形成的过程中北传，是两宋以来江浙地区地域建筑典型的构件[一]。

《营造法式》中对顺栿串说明较简，不过结合《营造法式》卷三一的图样，仍可以梳理出顺栿串的某些特征[二]：主要应用于"厅堂等（自十架椽至四架椽）间缝内用梁柱"中，七种六架椽屋以下不见用顺栿串，六种八架椽屋中有四种用顺栿串，五种十架椽屋中有四种用顺栿串；顺栿串皆"顺"于梁栿，图示仅见用于平梁及四椽栿之下，即串的长度有四椽架平长及二椽架平长两种；串过柱的样式，十架椽屋中的四者有三为过柱作绰幕方头，而八架椽屋中皆为过柱作丁头拱，两种样式法式文字中都有收录[三]；八处使用顺栿串者，皆用于中央部分之柱间，未见图示用于檐柱者；顺栿串下皮高度皆高过檐柱阑额下皮；顺栿串于柱身的高度，皆是同一柱身所有交搭构件的最下者；此外，串身独立、不承托其他构件等特征，则与法式文字表述相近。

下面以上述的"法式图样顺栿串"为参照，分析宋元江南实例中，顺栿串的样式及使用情况。现存最早使用顺栿串的木构是宁波保国寺大殿（1013年），其顺栿串使用于内三椽栿的下，后内柱柱端处，串身有"七朱

图5　顺栿串作"七朱八白"装饰

图6　保圣寺顺栿串

八白"装饰，与同构中的阑额装饰相同（图5），且串与阑额皆未见过柱身作丁头拱或沓头者；其后的甪直保圣寺大殿（1073年），中央四椽栿及后间、山面乳栿下皆用顺栿串[四]，分别位于内柱及檐柱的柱端（图6），透榫过柱身仅出头少许，未见作丁头拱；两构中均未见如"法式图样中所示顺栿串"者。

此外，苏州虎丘二山门（年代有五代及元代两说）的串上立有隔架斗拱，形成上方乳栿檐除柱柱头铺作、内柱卯口以外的中部支点[五]（图7）；延福寺大殿上檐元构部分（1317年），顺栿串断面略有圆形之势，且入柱端有两肩，已非均匀断面之方材，施用于后檐及山面檐柱，长度均不过乳栿，透榫过柱仅出头少许，而内三椽栿两端入柱，兼

[一] 傅熹年：《试论唐至明代官式建筑发展的脉络及其与地方传统的关系》，《傅熹年建筑史论文选》，第302页。

[二] 本文所整理分析之顺栿串，与穿斗构架的"穿枋"有所不同：后者与穿逗构架关联密切。

[三] 《营造法式》卷五，侏儒柱，"凡顺栿串，并出柱作丁头拱，其广一足材；或不及，即作沓头，厚如材。在牵梁或乳栿下。"见《梁思成全集》第七卷，第148页。此处的"在牵梁或乳栿下"或许指的是丁头拱及沓头在牵梁或乳栿之下，如此更与卷三一图样所示者契合。

[四] 《营造法式》卷三一图中未见纵向侧样，故山面梁栿下的顺栿串施用情况不明，不过，依据法式描述，山面丁栿当与横向侧样中的檐栿、乳栿等相类，故本节讨论顺栿串，亦将山面丁栿下的顺栿串一并讨论。

[五] 苏州玄妙观三清殿，上檐的檐柱与上檐檐檐柱之间有"顺栿串"，此构件在《营造法式》卷三一的殿堂侧样中未见。此构件的上方亦有设"隔架斗拱"（暂以清式名称），与二山门所见者一致。需要注意的是，首先此构为殿堂型构件，故不作为本文讨论之重点；其二，该构中间的"顺栿串"样式颇多，尚难以作深入分析。或许，此处用"顺栿串"与内柱升高至草架一样，都是殿堂型构架吸收其他构架类型的影响。

栿之下，其中的四椽栿下顺栿串与后檐劄牵平齐；时思寺大殿（传元代）中，方形断面顺栿串仅见于上檐梢间，上檐部分柱身之间，横向月梁形檐栿皆两端插入柱身，似兼有顺栿串的拉结之用（图8）。

简略梳理江南宋元遗构[一]，比照"法式图样顺栿串"，尤其是过柱作丁头拱之样式，江南遗构的顺栿串中一例未见。或许，在北宋《营造法式》编撰的时期，斯时的顺栿串包含了"法式图样"型以及现存实例所见者，样式更为丰富，亦未可知。比如，"法式图样"型特征之一的过柱作丁头拱，虽未见于顺栿串实例中，不过实例中方材过柱如是者，有福建福州华林寺大殿的内柱柱缝间的顺身串，以及福建泰宁甘露庵蜃阁的顺脊串（穿枋）方向，都可见该构造样式，或许早期顺栿串中亦有应用该样式者。此外，《营造法式》图样所示的顺栿串，若使用于心间，对心间与次

图7　二山门"顺栿串"

64

有顺栿串的拉结内柱之用；金华天宁寺大殿（1318年），顺栿串用于后三椽栿下及后檐柱上，形状近延福寺大殿；上海真如寺大殿（1320年），顺栿串施用于后四椽栿及后间乳

图8　江南宋元"顺栿串"四例

①金华天宁寺大殿
②时思寺大殿
③上海真如寺大殿
④武义延福寺大殿

间的空间沟通，显见颇有隔碍之处，或许实例中的心间弃用顺栿串，或是将顺栿串的位置提高至柱端等位置，即是出于此点之考量。

梳理江南宋元时期所见的顺栿串，以下几点现象值得注意：其一，顺栿串与额、栿等横向构材样式之间的混淆现象，早在保国寺大殿即有串、额同饰七朱八白的例子，以后苏州二山门串承隔架斗栱与额类同，延福寺大殿断面背离均匀方形断面向月梁靠拢等等；其二，串柱节点技术渐成横材接柱的常用样式，法式中未规定月梁梁尾入柱长度，而规定顺栿串过柱作丁头栱，表明当时梁、串当采用不同节点与柱交搭。而实例中，梁尾常见与串相同的节点，如真如寺所见者（图9）；其三，后来的顺栿串渐呈两种发展趋势，有的如真如寺大殿、轩辕宫正殿者（图10），持续使用。而

［一］ 此处不谈苏州玄妙观三清殿，作为殿阁型构架，其檐栿之下的构件，若依据《营造法式》卷三一图样所示，顺栿串似仅示于厅堂型构架中，殿阁分槽图中者，称为"由额"亦或无不可。

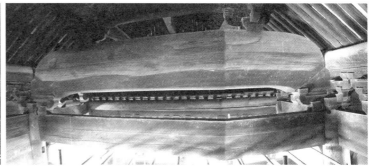

山面丁栿出头

丁头拱出头

顺栿串出头

图9　真如寺"顺栿串"出头　　　　　　　图10　轩辕宫正殿顺栿串

另有实例，梁栿渐由柱头铺作下降至柱身，兼有了顺栿串的作用，以延福寺大殿、时思寺大殿者，估计该变化当发生于元代；其四，顺栿串与柱交搭处，串底基本不用丁头拱等构件，此为与额、梁栿类其他横向构材之持续区别。

三　福建宋元构架的柱间联系构件

比照现存的木构实例，如佛光寺东大殿的柱间联系构件主要应用于横向（面阔方向、东西方向），系柱框层的内外槽柱端，分别用阑额兜圈，形成回字形的阑额环。除此之外的柱间，未见直接联系构件，构架的整体稳定性，尤其是横向拉结，则主要由铺作层承担，铺作层中的明栿未与柱身直接交搭，明栿之下也未见顺栿串之类构件，柱脚亦不见地栿之设置，此

当为殿堂型构架柱间联系构件以柱顶额类为主的设置方式。

南方现存多为厅堂型构架，最早木构华林寺大殿，即为方三间厅堂型构架，柱间联系构件额串皆有：其外圈柱柱头兜圈设置阑额，前内柱柱缝间亦设阑额，除前檐柱阑额为圆作月梁形，其余阑额皆为扁作直枋形，外圈阑额至角皆过柱斫方头，内圈四内柱之

间，前内柱纵向拉结三道：柱头设阑额一道过柱身斫方头，中部承托驼峰，而阑额下设两道顺身串[一]，上道与次间柱头枋齐高，下道顺栿串过柱作丁头拱（图11）。而内柱间进深方向的横向联系，主要为柱头铺作层承托之四椽栿等，而未见如《营造法式》卷三十一所示之梁栿下部的顺栿串。此外，华林寺大殿内前内柱柱间穿枋过柱作丁头拱，

图11　华林寺大殿柱间联系构件

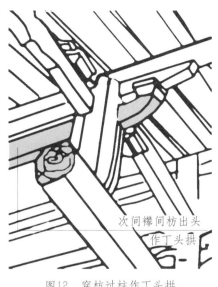

次间襻间枋出头

作丁头拱

图12　穿枋过柱作丁头拱

图13　宝山寺大殿月梁形襻间枋

与次间柱头枋（一端入柱）上下相闪的方式，于闽北泰宁甘露庵蜃阁的内柱间，脊槫下面的襻间枋[二]（穿枋）亦有类似处理（图12）。在甘露庵建筑群中，穿枋使用较多，柱间联系构件多见有"穿斗技术"之影响，甚至如观音阁上檐、南安阁上檐铺作中的柱头枋，因补间铺作采用立蜀柱于阑额上面的做法，便成为两端插入柱身的穿枋式"柱头枋"；而且额类构件处理也有参照穿枋的样式，如蜃阁的圆作屋内额就采用过柱身作丁头拱，与次间内额上下相闪[三]。

莆田玄妙观三清殿宋构部分的前后内柱，柱间无论纵横方向，均不见纯粹的串，而代之以承托驼峰、隔架斗拱的横向柱间阑额了，前檐比后檐多出的一道圆作月梁形阑额也是面阔诸间对位平齐，互不相闪。整个构架中，几乎没有纯粹的串，屋槫（前后檐柱缝上断面为方形）皆不用襻间枋，梁栿下不见顺栿串。仿木石构顺昌宝山寺大殿，明间两缝的四椽栿皆插入前后内柱柱端，为扁作月梁样式，是梁栿兼有顺栿串之用的实例，大殿中面阔方向的柱间联系构件，主要有三件：前后内柱柱缝上扁作直梁样式的硕大屋内额，前后各一道，心间次间皆有并平齐设置，额下有单材入柱丁头拱承托的绰木方，以及脊槫下的襻间枋，此襻间枋采用了圆作月梁的样式，心间两端承托于平梁上的斗中，次间则有一端改插入山面中柱柱顶，于梁形襻间枋枋底刻有建筑年代铭文（图13）。

[一]　该顺身串仅前内柱柱缝有，其串身正面团窠图案与柱头枋同，显示营建中当归类为枋材之思维。

[二]　张步骞、甘露庵，《建筑历史研究》，第127页；文中构件名称，多以《营造法式》中的名词，本文延续该文中称谓，只在类似斗构架穿枋的构件后用括号加于注明。

[三]　东大寺南大门的顺脊串上下相闪，出蜀柱作丁头拱。醍醐寺经藏，纵剖面中蜀柱有串接沟通，但不相闪。

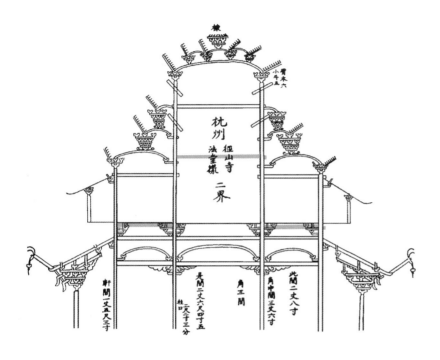

图14 《五山十刹图》径山寺法堂用"串"

从现有宋元时期的实例分析，首先是时间线索上，越是早期的木构，柱间联系构件应用较多，其次是地域线索上，闽东闽北实例比闽南者，柱间联系的构件样式和类型更丰富些。

四 宋元时期东亚柱间联系构件之比较

若以江南所用顺栿串为参照，则福建宋元木构实例中，可谓鲜见顺栿串施用之例：早期的华林寺大殿、莆田玄妙观三清殿的檐栿下皆未见顺栿串，此后的甘露庵蜃阁等建筑，不使用大梁栿，遑论顺"栿"之串，而是阑额、方材等端部入柱，充当

柱间联系构件。元代的宝山寺仿木石构大殿，其四椽栿两端入柱，亦不见顺栿串。与之相类，在日本列岛中世建筑中：大佛样的东大寺南大门中，沟通檐柱与分心中柱的六道枋木，入柱处枋木下有丁头拱承托，此为与江南顺栿串之最显著区别，而与华林寺大殿前内柱间顺身串，以及蜃阁顺脊串相近，也与蜃阁平座部分穿枋、甘露庵观音阁下檐穿枋近，故大佛样这种丁头拱承托的"顺栿串"称为"穿枋"，似乎更为合适[一]；南大门的顺脊串、腰串亦十分发达。此外，列岛中源于江浙地区的禅宗样建筑遗构，其明间檐栿之下，亦鲜见顺栿串的施用之例，而柱间檐栿常为一端立于铺作中、另端插入柱身的构造，檐栿部分兼及顺栿串的功用，如功山寺佛殿（1320年）、善福寺释迦堂（1327年）、正福寺地藏堂（1407年）、圆觉寺舍利殿（室町时代）、延命寺地藏殿（室町时代）、定光寺佛殿（1500年）所见。不过，在《五山十刹图》的"杭州径山寺法堂样二界"中，却可以看到二层进深三部分皆图示有顺栿串，串头略出柱身少许，与一层的不出柱、下带绰幕枋的阑额不同[二]（图14）。

朝鲜半岛的柱心包建筑中，顺栿串的使

用，鲜见于早期建筑，而见于较晚期实例中。以明间檐栿下为例，浮石寺无量寿殿、修德寺大雄宝殿、凤停寺极乐殿、浮石寺祖师堂未见施用，而银海寺居祖庵灵山殿、江陵客舍门则有顺栿串，或有时代演变或地域差异之因素。

要之，宋元时期（10～14世纪）的东亚地区，江南宋元建筑，以及华南的福建建筑中，它们的柱间联系构件发达，额类与串类区分明确，外圈柱间基本有阑额闭合拉结，但江南的顺栿串较为发达，而福建一地，梁栿下鲜见顺栿串，但约略同时的穿斗式构架中，柱间穿枋也相当发达。同时的日本大佛样实例中，头贯（阑额）闭合兜圈外檐柱柱端，而檐栿下鲜见顺栿串，横向柱间有用穿枋达六层者。而朝鲜半岛柱心包建筑，阑额与串（皆称昌枋）断面皆为方形，外圈柱间基本都有阑额闭合拉结，顺栿串的使用因构而异。东亚上述样式体系中的柱间联系构件使用颇有相似之处：外圈柱间闭合连结，顺栿串至少早期不甚发达，而穿过柱身的穿枋技术却甚是发达。

参考文献：

[一] 傅熹年：福建的几座宋代建筑及其与日本镰仓"大佛样"建筑的关系，《建筑学报》[J]，1981年。

[二] 郭湖生：《东亚建筑研究的现状与前瞻》，《东南大学学报》[J]，1999年第3期。

[三] 张十庆：《东亚建筑的技术源流与样式体系》，《现代东亚与传统建筑国际会议论文集》[C]，2002年汉城会议。

[四] 张十庆：《中国江南禅宗寺院建筑》[M]，湖北教育出版社，2002年版。

[五] 杨秉纶、王贵祥、钟晓青：《福州华林寺大殿》，《建筑史论文集》[J]，第九辑。

[六] 陈文忠：《莆田玄妙观三清殿建筑初探》，《文物》[J]，1996年第7期。

[七] 张十庆：《以样式比较看福建地方建筑与朝鲜柱心包建筑的源流关系》[J]，《华中建筑》，1998年第3期。

[八] 国宝净土寺净土堂修理委员会：《国宝净土寺净土堂修理工事报告书》[M]，1959年。

[九] 韩东洙：《初探中韩两国古代建筑文化的交流与比较》[D]，清华大学1997年博士论文。

[十] 田中淡：《中世新样式における构造の改革关する史の考察》，《日本建筑的特质》[C]，中央公论美术出版社，昭和五十一年，第282页。

[一] 日本学者称该构件为"贯"。伊藤延男：《中世寺院》，（日）《原色日本の美术 中世寺院と镰仓雕刻》，株式会社小学馆，1968年版，第158页。东大寺南大门修理工事事务所编：《东大寺南大门史及昭和修理要录》，称该构件为"通肘木"，意为通长的拱。

[二] 张十庆：《中国江南禅宗寺院建筑》，第132页。

【浙东老桥调查回眸】

杨古城·宁波工艺美术协会

所谓桥，即架在水上或空中以便通行的建筑，跨越河流山谷或其他交通线。桥沟通了路，桥是人类智慧的结晶，桥又是地域经济文化发展的标志。历史的流逝，时代的发展，数不清的老桥印在人们心里，留在人们记忆中。笔者以 15 年的时间与精力，踏勘浙东五百余座较为完好的老桥，谨以此文作一总结。

一　浙东曾有多少老桥

何谓老桥？笔者以为用老材料（土、木、竹、石）、老技艺、老工具建造的桥，即使在新中国成立后建造，也可称老桥。据宁波市 1985 年至 1990 年地方志统计的资料：鄞县 3900 座，慈溪 2644 座，象山 2950 座，镇海 2063 座，奉化 1067 座，宁海 4 米以上 473 座，余姚 5 米以上 685 座，合计 13782 座。随着社会经济的发展和人口的激增，旧的古道和老桥无法满足人们对道路的需要。1920 年，宁波官绅为拆城一事开会集议，一致赞成拆除老城改建马路，此后就是扩路和拆桥。1928 年，宁波老城内有桥 227 座，自 1929 年至 1990 年在宁波老城区 32 条河网上拆除和改建的老桥达 191 座。1949 年尚存老桥 134 座，其中 1950 年拆去鼓楼前平桥，1957 年拆除的有南门日湖水月桥、采莲桥、莲香桥、天一阁后桥、江东五河桥、南门仓桥，1958 年拆除西门附近的惠政桥、醋务桥、虹桥，1977 年拆除的有江东卖席桥、彩虹桥，1986 年拆除永宁桥，1988 年拆江东张斌桥。最晚的是 1991 年拆除的西塘河上的三孔石拱大卿桥（图 1）。

从 1995 年至 2010 年，在宁波市文化、文保部门的支持下，宁波市一批热心古桥的市民，调查踏勘了宁波域内 11 个区、县、市，五百一十余座现存的老桥。其中石拱桥 230 座，石梁桥（含碶闸桥）近 260 座，特型桥 9 座，廊桥 17 座。由于调查跨度 15 年，因此不免有的已经不存或已经改建。

桥的型制和数量与一个地域经济和社会文化发展相当，特别是浙东水乡江河交叉溪湖纵横，陆地交通必须依赖桥而沟通。于是，凡人口密集之处就必定要建桥，那怕是最简陋的独木桥、矴步。据有关宁波建桥史的文献记载，最初是东汉建安五年（200年）余姚建城时，在护城河上建桥。唐代，在三江口建东津浮桥、鄞西南塘河上建惠明桥、鄞东建大涵山桥、镇海建永年大桥等，这些都有史料记载，但亦不过十座，原造老桥无一留存。宋代是浙东经济文化发展的第一个高峰，建桥以百计，然而留存至今的原造桥仅存宁海和鄞州东乡数座。明清是经济发展又一高峰，重修和新建的老桥以千计。民国时期是宁波建桥的转型期，不适应城镇经济发展的老桥被改建拆除，用现代材料（主要是钢筋水泥）新建改建的桥梁普遍在交通繁忙的市镇中出现，如奉化的方桥、宁波的灵桥便是钢架桥。

新中国成立之后，虽仍有建老桥之举，但从20世纪60年代之后，基本上都以现代技术和现代材料建桥。桥的型式、材料、色彩、功能愈来愈丰富，在宁波桥梁发展史上谱写了新的乐章，如仅宁波三江口近年就建有二十余座新桥。新中国初期和改革开放初期，文化和建设部门虽然竭力对优秀老桥采取保护和维修措施，但也有不少优秀的老桥被毁，如镇海永年大桥、鄞东大嵩江桥、鄞西大德桥、宁海黄坛德星大桥、深圳桥、凫溪桥、道士桥等。有的老桥因自然风暴水灾损毁，有的是缺乏文化保护意识而被拆毁或改建。至于一般性的中小老桥拆改的约有数千座之多，而在被拆的老桥中，不少是属于不适应经济发展而无奈拆除，但也有不少是由于政府某些部门缺乏保护意识，某位曾参与宁波西郊大卿桥拆除的工程师说："当时1991年为了通拖拉机和利用石头，就把三百年老桥拆平，太可惜了。"

这些老桥，曾经在城乡经济文化的发展过程中，起过沟通交通和水利的重要作用，更重要的是这些老桥包含了深刻而丰富的信仰、习俗、美术、文学、书法等非物质文化方面的内涵。因此在现代社会的科技文明之中，老桥愈显其脆弱性、不可再生性和可枯竭性，这就更希望得到现存老桥所在地的政府工作人员、热心人士和广大的居民更多的呵护和善待。老桥何不是先人留给我们的幸存的历史文化遗产，我们有责任守望、维护和弘扬，这才不愧于我们的后辈。

二　宁波老市区及鄞州区老桥

旧鄞县县城即宁波府城内海曙区，在前南朝（1500年）之前，城区一部分是沼泽，奉化江、余姚江交汇于三江口。唐长庆元年

图1　拆除前的宁波市区大卿桥

（821 年）明州刺史筑子城，南门即今鼓楼中山公园一带。在公元 892～909 年之间筑罗城，北宋时修。罗城长 2527 丈，开十门。东南西三面有护城河，北与东临余姚江和奉化江，在南宋时留下六门。唐长庆三年（823 年）在东渡门外首建灵桥，由 26 舟联结而成，又称船桥或东津浮桥，宁波人俗称老江桥，后移至灵桥门外，民国时改建为钢筋混凝土桥。清同治元年（1862 年），在姚江的出口与奉化江会合处，由英商建造了一座由 18 船联成的浮桥，俗称新江桥。在 1970 年才改建为现代钢混桥。

图2　拆除前鄞州鄞江大德桥

图3　鄞州百梁桥

图4　百梁桥廊

据民国廿二年（1933 年）统计的桥梁（含少量公路桥）为 770 座，城中废桥 100 座。1987～1995 年期间编成的新《鄞县志》统计，全县有老桥和新桥总数为三千九百余座。

鄞县西乡的老鄞江桥，始建于北宋元丰元年（1078 年）。一座七石墩六孔木梁廊桥，长 38 丈，宽 3 丈，建廊屋二十八间，整桥长 116 米，宽 10 米，历代维修。在清晚期道光十三年（1833 年）重建，桥南建有经幢。1979 年为了通行汽车，拆除老桥，在原址新建了钢混桥。老鄞江桥原名大德桥，距它山堰仅 500 米，为纪念治理它山堰的王元暐功德而名“大德桥”（图2）。古桥是千年古镇发展的见证，每年三月三、六月六、十月十便成为它山庙庙会的中心枢纽，对商业经济发展起了重要作用。鄞江桥的拆除，至今仍是“鄞江人心中永远的痛”。而与鄞江桥同时建造的式样相同的百梁桥，全长 77.4 米，虽然比鄞江桥小得多，现在已成为宁波区域最长的木梁廊桥（图3、图4）。海曙区内现存的老桥有 14 座，石拱桥四座，其余为石梁桥，老

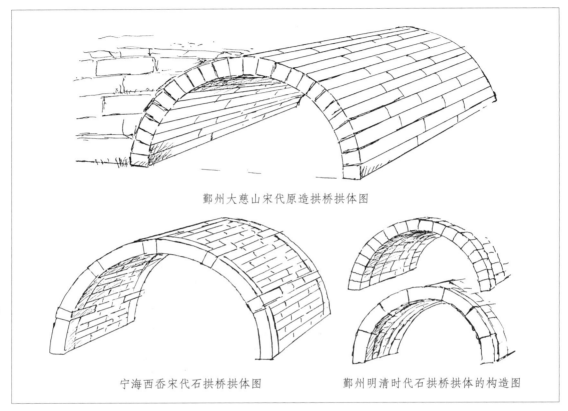

鄞州大慈山宋代原造拱桥拱体图

宁海西岙宋代石拱桥拱体图　　　　鄞州明清时代石拱桥拱体的构造图

图5　石拱桥拱券构造图

城区内幸存石拱桥为月湖桥。老城外南门南塘河有甬水桥和启文桥，西门望春街道有望春桥。

　　鄞州区域内的主要老桥有129座，其中梁桥和碶桥85座，石拱桥35座，木梁石拱廊桥五座。从总数来看鄞州数量最多，然而以比较简便的石梁桥居多，比石拱桥多一半。而在宁海县石拱桥却比石梁桥多出一半。可见古代老桥总是就地取材依形度势，建桥的目的是牢固和有利于使用。宁海山区多突发性的山瀑，故乱石拱桥多（图5）；而鄞州以平原水乡为多，故石梁桥多于石拱桥；鄞州

石梁桥有的十分精美，如五龙桥、大嵩江桥（旧构件部分遗存）、大涵山桥（图6）、惠明桥（图7）、金鸡桥、十三洞桥、石马塘桥等。鄞州的拱桥多是石桥，最著名的有高桥、林村万安桥、翠山寺古洞桥及皎溪桥、定桥等，都是始建于宋，在古驿道上默默奉献达千年之久。

　　鄞州的廊桥有五座，占宁波区域总量三成。如百梁桥、老洞桥、悬慈桥、万安桥（图8）等，都曾经见证近千年的鄞州历史兴衰和世事沧桑。鄞州的高桥、百梁桥、惠明桥和碧环桥已列为"甬上十佳名桥"。

三 余姚市老桥

　　余姚以姚江名地，又"因越之先君无余封于越地，又是舜后支庶所封之地，舜姓姚，故云余姚。"这里是著名的河姆渡文化的发祥地。公元200年三国吴将朱然始筑余姚城，比宁波建城要早700年左右，新中国成立后余姚始归宁波区域。由于地处四明山之北，山丘多于平原，余姚江东西横贯，溪江湖河遍布，在明清时代留下的主要老桥有514座，在民国时期，增至5米以上老桥和改建的桥梁685座。最早的名桥是东晋隆安二年（398年），晋将高雅之战孙恩得胜，护城河上有"胜归桥"，至今尚存的已是历代重建。建于四明深山的白云桥始建于唐贞观间（627～649年），今存为清代重建（图9）。曾称"浙东第一桥"的姚江中游通济桥，始建于北宋庆历年间（1041

图6　鄞州大涵山桥

图8　鄞州万安桥

图7　鄞州惠明桥

图9　余姚白云桥

～1048 年），为浙东首座跨江木桥。而此时宁波三江口的灵桥还是"东津浮梁"。此后又有最良桥、棂星桥、客星桥、学士桥、金刚溪万年桥等名桥。

余姚的老桥被填平、拆毁、改建着实不少。如最良桥（又称南门桥），北宋宣和二年（1120 年），方腊起义军攻余姚，大战于南门桥，当时称为战场桥，可能谐音"最良桥"。

图10　宁海万年桥

图11　宁海戊己桥

桥为三孔，长 48 米、宽 3.5 米，1985 年作为文物被保护，然而 2000 年因运河工程而整体解体待建，但拆桥后至今仍难觅栖身之地。如明代谢阁老府前的万安桥，也不"万安"，河填没后至今仅存残件。老方桥镇的"老方桥"已重建为"新方桥"。在四明山区仍留下一批保护良好的老桥，如采用折边直拱的梁辉金岙万安桥，这样的直拱桥在附近还有好多座。

据十余年来的调查，余姚市现存主要老桥近五十座，其中石拱桥二十余座，石梁桥近二十座，折边直拱老桥四座，木梁廊桥三座。特别是折边直拱桥，是宁波地域具有实用和科学特色的民间桥梁。

四　宁海县老桥

宁海县在新中国成立之前，属台州府（地区），取"邑以濒海，取海疆安宁之意。"唐永昌元年（689 年），在今城关筑城，开护城河，四面门外有桥，城围 154 丈，1958 年之后才逐渐拆除。城内有桃源河、玉带河等，城南大溪和城北的河渠流向三门湾和象山港。由于宁海县背山面海，山地多于平原，白溪、大溪、凫溪都发源于天台山系，长达六十余公里，大小溪流密布于崇山峻岭，而近海又因海港形成滩涂，故浙东最长的海涂桥戊己桥和最高大的单孔高山乱石拱桥万年桥都在宁海县（图10），而且石拱桥比石梁桥多一倍。

据《宁海县志》1985 年统计资料，跨径 4 米以上的老桥有 473 座。1991 年《宁海县交通志》列出的老桥 512 座，但其中少量已经改建，总长度 1 万米。原宁海地方志记载的建于宋嘉祐八年（1063 年）的甬台驿道桐山桥 1956 年毁于洪水。始建于明代的 48 孔石梁桥——黄坛镇德星桥，长 160 米，为浙东最长，数次洪水，终于在 1988 年彻底毁掉。因此，幸存在胡陈港的戊己桥，48 孔石梁桥，长 137 米，成为浙东第一长桥（图 11）。此外，文献记载的茶院乡道士桥村道士桥，建于南宋绍兴七年（1137 年），由郑姓道士募建，以桥名村。这座不太长的乱石拱桥长 8 米、跨水 3 米，原应是浙东有确切记载的最早宋代石拱桥，然而因未及时进行保护，2000 年村民建房筑路，当笔者赶到时已被土石掩埋。2004 年，文物考查人员在长街镇西岙村又发现建于南宋晚期的三座原真性石拱桥，即惠德桥、祠堂桥、寺前桥，已列为省级文物保护。

宁海县现存的主要老桥有一百二十余座，其中石拱桥八十余座，而石梁桥三十余座，木梁廊桥两座。在近几年的新农村建设中，不少有代表性的老桥都已列入保护，但中小型老桥的改建和废毁也在所难免。

五　奉化市老桥

据新编《奉化县志》记载，"奉化为邑，以民皆乐于奉行王化得名。"奉化县在唐代之前归属越国、鄞县。唐开元二十六年（738 年），与鄮、慈溪、奉化、翁山四县归属明州。明代起归属宁波府，1988 年撤县建市。与其他县市相比，奉化建县城比较迟。《宋宝庆四明志》记载，始建于北宋，数次修建，开东、南、西、北四门，环城 648 丈。由于县城离海（象山港）较远，多山丘溪流，故奉化境内的老桥多集中于交通往来密集处的驿道和古道上，其中以东西向通四明山和新昌、嵊州的剡江、剡溪和南北向的县溪、县江为最主要。大型而精美的老桥都相对集中在这两条水脉及分支溪流上。建于宋代的原真性老桥无一幸存，如城外东门庆登桥、南门嘉会桥、西有通剡桥等。北宋大观年间（1107～1110 年）在县东南重建善政桥，用木为料，改名为惠政桥。此桥在绍兴年间（1131～1162 年）再建，在明正德七年（1512 年）惠政桥已改建为石桥，并增建了桥廊，直到清同治八年（1869 年），又一次重修，1935 年桥廊失火改建为现代材料的两墩三孔混凝土桥。桥长 52 米、高 9 米、宽 8.5 米，俗称为"大桥"，然而已没有桥廊了。

新中国成立后，惠政桥数次修缮，终于于 2000 年 6 月重建为大型仿古新桥，桥上建 60 间桥廊，成为奉化老城新貌中的一道风景。

图12　奉化广济桥

图13　奉化广济桥墩

　　浙东首座被列为省级文物保护的奉化广济桥（图12～图14），始建于宋建隆二年（961年），重建于元代至元二十三年（1286年）。全长52米，宽6.6米，四排石柱墩五孔木梁廊屋桥。桥在甬台水陆古驿道上成为奉化市保护原汁原味老桥的典范。

　　宁波最高最长的五孔石拱桥是建于清光绪十八年（1892年）的大堰镇常照村福星桥，桥长96.3米、宽6.5米、高10米，四墩五

孔，与广济桥一起被评为"甬上十佳名桥"（图15、图16）。

　　据旧《奉化县志》记载，清光绪三十四年（1908年），奉化有老桥331座。1994年版《奉化市志》统计的桥梁1067座，包括小部分钢筋混凝土桥。其中剡江主流上有19座，县江主流上有41座，东江有23座。新中国成立后（1949～1988年）的40年间，改建老桥达八百余座。然而奉化市却留下了数量最多的木梁廊桥。

　　据近年调查统计，奉化市幸存主要老桥近八十座，其中石拱桥五十余座，石梁桥近二十座，而木梁廊屋桥有七座，占宁波现存廊桥近一半。而这批廊桥都集中在交通不甚发达的深山溪流上，廊桥特有的商贸和休闲功能成为当地乡民们的文化和集市中心，现在仍然挺立于青山绿水间，默默奉献。

六　象山县老桥

　　象山县地处浙东东南海浜，因县城背靠形如伏象的大丹山，南朝陶弘景曾在此炼丹，故县名"象山"，县城以"丹"名。象山县置县在唐神龙元年（705年），初属台州、越州、鄞县。唐广德二年（764年）改属明州。宋治平间（1064～1067年）县令林旦发民筑土城，环以河，架有桥。明嘉靖三十三年（1554年）改筑石城，周长1809丈，城形如蚶，又称蚶城。1952年，石城起逐渐拆除。象山县基本上都是不高的山丘与环海的海涂构成，故大型桥梁不多。据《民国象山县志》记载，有老桥473座。而1985年的地方志统计共有

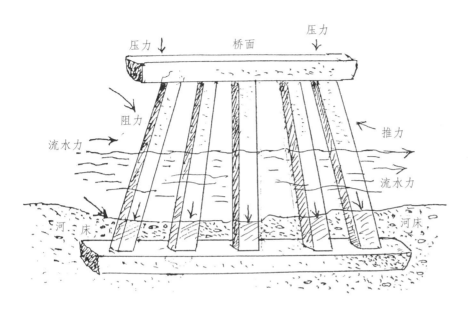

图14　江北皇桥、奉化广济桥排柱墩力学原理图

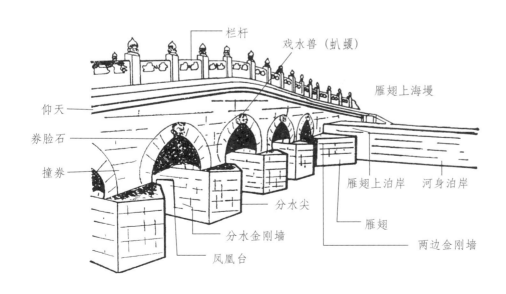

图15　联拱石桥部件构造示意图

图16　奉化福星桥

图17　象山欧阳桥

2950 座。1992 年《象山县交通志》统计石拱桥 438 座、条石平桥 620 座，总计 1058 座，无廊桥。

象山的老桥自 1992 年以来迅速消亡和改建，1998 年的台风过后，墙头镇的登瀛桥、黄溪村的青龙桥均被毁。下沈村的鹤龄桥、墙头的蜈蚣桥、丹城的树桥、泗州头的

清风桥、东陈的五洞桥等，有的毁废，有的被改建，所剩不多。其中最长的是西周镇下沈村长庆桥，17 孔石梁，长 87.4 米，建于光绪二十六年（1900 年），1963 年重修。明代始建的欧阳桥是象山县最壮观的三孔石拱桥，将于近年建造水库时沉入水底（图17）。建于明代弘治六年（1493 年）的大徐镇海口大桥，与海堤相接，长达百余米，在 1963 年后逐步改观。据 2003 年象山县文化部门提供的资料，仅数十座。又据近年的调查资料，比较完好的老桥有 31 座，其中石拱桥 14 座，石梁桥与碶桥 17 座。单孔的石拱桥以墙头镇方家岙的瑞安桥为最大，长 32 米，圆孔跨水 10 米。晓塘乡的二眼碶桥利用当地山体与溪床精心建造三桥一组石梁碶桥，既利三个方向的陆路通行，又可作泄洪蓄水的碶闸，被收入作为代表性桥梁《吴越古桥》一书中的"特型桥"。

七　慈溪市老桥

今慈溪市地域在杭州湾之南、余姚江之北旧称"三北"的区域，即旧余姚县、慈溪县和镇海县之北。古慈溪县的县名出自汉代董黯居于大隐溪畔汲水奉母、母慈子孝而名"慈溪"，并以溪名县。今江北区慈城镇即是原慈溪县县治，1954 年"三北"划归慈溪县，1988 年撤县设市。由于慈溪市北部濒海，而南部多山丘，故山溪江河多流入杭州湾，东西流向的快船江东横河与姚江相通。所以老桥都集中在快船江、东横河这一条横贯东西的主动脉上，有的乡镇一里十桥，形成人

聚最集中的市镇，而尤以石梁桥居多。据 1991 年新修《慈溪市志》统计，1989 年全县石板桥 830 座，其他桥 407 座，总数达 1237 座。由于慈溪市在 1990 年以后的城乡经济发展速度很快，不少老桥来不及进行有效的保护，大部分都拆改填平，故近年调查资料中，主要的老桥只有 33 座，而石拱桥为 8 座。其中最著名的是横河镇三孔石拱七星桥，长 25 米，中孔跨水 6 米（图18）。古镇鸣鹤留下了陡塘桥、沙滩桥、普安桥、云河桥、世德桥、隆兴桥等。掌起镇的快船江上留下了古吉利桥、唐荔桥、永凝桥、掌起桥、聚龙桥、五姓桥、蒋家大桥、怀德桥、迎阳桥等。而江北就很少有老桥。

八　镇海、北仑、江北、江东区的老桥

镇海区、北仑区在浙东北部杭州湾之南甬江之西北，今宁波江北区之北。五代后梁开平三年（909 年）筑镇海城，至今 1100 周年，1929 年开始拆城。1994 年新编《镇海县志》包含了原属镇海县的"江南"，今属北仑区的大部分老桥。当时统计总数为"民间桥梁 2063 座"。还记载了："唐大和二年（828 年），瀣浦永年大桥。宋时记有桥 23 座。明嘉靖时记有 125 座。清记有 614 座，民国前期又建 45 座。"新中国成立后，镇海县续建、改建各类桥梁，在 1963 年普查时，全县（包括今北仑区）有老桥、新桥 1887 座，其中石梁桥 1616 座，木桥 130 座，石拱桥 52 座，钢砼桥（属现代桥）789座，钢梁桥 41 座。1994 年统计的现代桥 1179 座，石板桥 657座，石拱桥 46 座。1984 年镇海县江南划出建浜海区，即今北仑区。

我们从这个浙东老桥统计最为简明的数字中可见镇海县（包括北仑）从唐代至明清老桥剧增，而至 20 世纪 90 年代之后又剧减。建于唐代的永年大桥、建于宋代的骆驼桥、五板桥（今属北仑）、邬隘大桥（今属北仑），建于元代的贵驷桥及建于明代

图18　慈溪七星桥

万嘉桥、柴桥（今属北仑）、资圣桥等均彻底改建，保留完好的老桥不多。

据近年的调查统计，镇海区幸存的主要老桥仅 16 座，其中单孔的石拱桥仅一座，比较著名的是始建于元代的三孔石梁黄杨桥，被列为区级文保单位后近年又重修。北仑区主要老桥 17 座，其中石拱桥 5 座，石梁桥和碶闸桥 12 座，最为著名的是小浃江上的几座老桥。其中如三孔石拱永济桥，长 45 米，始建于宋；其余还有七孔石梁安乐桥、五孔石梁朱家渡桥；有五孔石梁金银渡桥、十三孔石梁，东岗碶和燕山碶桥等。

江北区在宁波老城区的北部，甬江西北和姚江之北。原系古句章、鄞县及后来的鄞县、镇海县、慈溪县的一部分。靠近三江口的外滩及靠姚江的民居都是明清以后逐步新建的建筑群，因此今属江北区的主要人聚区，即为江北的数十处街道及慈城、洪塘、庄桥及云湖、妙山、半浦等乡村。因老桥多集中于这些市镇的江河溪流上，而其中原曾是慈溪县县治的慈城镇，三面环山，南边临慈江，城内有八条河，三横五纵，曾建造数十座石拱、石梁桥。城外尤多大桥，如西门外三孔石拱太平桥，建于明代万历年间，1953 年 4 月 8 日倒塌，后来重建可通汽车的水泥桥。

慈城城内的骢马桥建于唐开元二十六年（729 年），乃是浙东最古的单孔石拱桥之一，长达 20 余米、高 10 余米、宽 6 米，地处县城的中心地段。但由于石拱桥过不了车辆，于是在 20 世纪五六十年代将其拆除。此外城内还有德星桥、通济桥二座石拱桥。城外有夹田桥、太平桥、三板桥，也都是三孔大石拱桥。然而至今竟一座不剩，连最小的小拱桥也没有，留下的都是石梁桥。其中西门外妙山有廿板皇桥和谷堂桥都是斜柱墩三孔石梁桥，建于宋代。

桥没有了却留下了以桥为名的地域，郑家桥、鼎新桥、林家桥头、尚志桥、砖桥头、东镇桥、五马桥板、三块桥板，西闸桥、丽泽桥、福聚桥、平政桥等，多达五十余处。现在慈城镇内除了孔庙内的泮池桥之外（图19），连一座完整的石梁板也没有，在各乡镇村内外留下 22 座石梁桥，尤以洪塘和庄桥还保留了数座较大的石梁桥。

江东区地处宁波老城区甬江、奉化江之东，故称江东。唐代起由于有东津浮桥沟通，江东区成为城区的辅助性人聚集中区，商贸交通依靠三条通向东乡和南乡的东、南、中塘河构成水网。河上架有大小上千座以石梁桥为主的老桥。如在江东区域的居民聚居处的河巷中有上百座老桥，然而城市的发展不可阻挡。诸如舟孟、惊驾，卖席、五河、三眼、四眼、张斌、彩虹、米行、镇安、碶桥、虹桥等仅留下以桥为地名的记忆。据近年统计，江东区幸存的最后一座桑家村的西洞桥在 2006 年拆平，仅留下来一座百丈东路松下村的老桥松下桥，由于村庄已经动迁完毕，孤寂无依的松下桥是拆还是留呢？命运难卜。

新桥的崛起，老桥的逝去，在经济和文化飞速发展的宁波许多著名的老桥被保护下来，这其中有当地政府或众多海内外人士出资保护修缮的，如宁波市的望春桥、月湖桥，鄞州区的高桥、百梁桥，宁海县的福应桥和戊己桥，慈溪的运河桥、金锁桥，余姚武胜桥、

图19　江北泮池桥

通济桥，以及奉化、镇海、北仑的居敬桥、靓祖桥、安乐桥等。

　　曾经哺育和滋养一方水土的老桥，曾经见证一代又一代人的沧桑变迁的老桥，已经饱经风霜，因此善待老桥，愈来愈成为社会共识。"接天莲叶无穷碧，映日荷花别样红。"老桥的故事和新桥的雄姿，将永远地留在浙东的蓝天丽日之中。

【关于中国的石造宝箧印塔】

引言

　　一般来说日本的建筑文化是以木构体系为主流，还却有石灯笼、墓石、石塔、狛犬等六世纪以来保留下来的石造物。其中的石塔，尤其是所谓宝箧印塔[一]是从13世纪到16世纪一直流行的石塔。它的起源有很多种学说，一直以来都没有研究清楚。近年来，有些学者提出了新的说法，即：这些石造宝箧印塔的原型在中国已完成并在13世纪传到日本。这一说法引起了专家们的关注。我们受此观点启发，自2003年以来花费了五年时间调研中国的石造宝箧印塔，去年出版了一本报告书（《有关中日石造物技术交流的基础研究——以宝箧印塔为中心》——丝绸之路学研究 vol.27，丝绸之路学研究中心，2007年）。

　　本文将向大家介绍此次调研过程中我们所发现的一些成果。

一　在日本关于石造宝箧印塔起源的说法

　　在日本最普遍的说法是：其祖形为金属制宝箧印塔，特别是吴越国王钱弘俶在10世纪中期造的塔，即钱弘俶塔（图1）。在日本最早出现的宝箧印塔与钱弘俶

图1　中国杭州雷峰塔出土钱弘俶造铜塔

[一]　译注：所谓宝箧印塔在中国亦称"阿育王塔"。不过有许多石塔也叫阿育王塔。避免很容易混乱，在这里遵从日本的说法。

85

图2　日本京都清水寺室町时代宝箧印塔　　　　　图3　日本奈良额安寺宝箧印塔

铜塔在装饰等方面，确实可以找出共同点。如日本京都清水寺塔、奈良额安寺塔（图2、

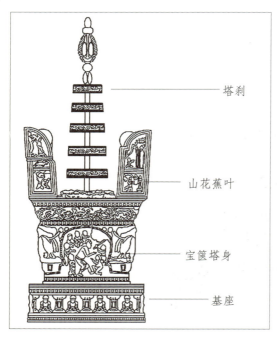

图4　宝箧印塔的构造

图3）。可见这说法有说服力。不过令人最难理解的是，钱弘俶铜塔在10世纪已经传到日本来了，但石造塔的建立却迟至13世纪才出现，它们间显然有时间上的矛盾。还有对山花蕉叶（图4）就是塔身的四角有的突起物而言，与中国的宝箧印塔的做法也有区别，钱弘俶铜塔身铸出四天王。而日本塔的塔身中心有佛坐像，钱弘俶铜塔还刻有佛教本生故事。中日两国之间存在着较大的差别。但从日本宝箧印塔山花蕉叶的形态看，日本的宝箧印塔有点儿像钱氏银塔，而日本却没有银制及铁制塔。这点也十分可疑，就是说日本的宝箧印塔与钱弘俶铜塔之间不仅是造型上，在材料上也有很大的差别。

　　另一些学者关注到中国石造宝箧印塔的问题，村田次郎和福泽邦生曾经报告了中国也有石造宝箧印塔，村田还提出了日本的宝箧印塔起源于中国石造宝箧印塔的可能性

图5　福建泉州开元寺宋代宝箧印石塔　　图6　福建泉州开元寺宋代宝箧印　　图7　福建泉州明代无蕉叶宝箧印塔
　　　　　　　　　　　　　　　　　　　　　　石塔（侧面）

（村田 1969、福泽 1988）。吉河功对中国的石造宝箧印塔与我国宝箧印塔
的关系做了详细的研究（吉河 2000）。他通过仔细的调研论证：以金属塔
特别是银、铁塔为基础在中国出现了石造宝箧印塔，然后传播到日本。这
是一个非常有吸引力和冲击力的研究结果。可是我们觉得资料还不够翔实，
需要使用很多实测图进行考古学研究。

二　中国的宝箧印塔

　　那么中国有什么样的宝箧印塔呢？要注意的是：中国的宝箧印塔是以
金属塔（特别是银、铁塔）为原型，有许多变化，其中泉州开元寺保存的
两座宝箧印塔与日本遗存宝箧印塔的造型和纹样都很相似（图5、图6、图7）。

三　分布

　　我们曾在中国调查过石造宝箧印塔的分布情况。石造宝箧印塔主要分
布于福建、广东两省，特别集中于福建省泉州周边。毫无疑问，这些石造
宝箧印塔的造型起源于金属塔。有趣的是金属塔大多是发现在浙江省，如
宁波市阿育王寺的元铜宝箧印塔（图8），并发现该寺舍利殿还有一座高 4

教本生故事（即月光王捐舍宝首、菩萨以眼施人、萨埵太子捨身饲虎以及尸毗王割肉饲鹰救鸽），另一则是刻别的佛经故事，还有刻上菩萨胸像，后二者的服装纹样带有中国式风格。

从塔身四角的迦楼罗来看，我们可以看出其发型、纽带、眼睛等的表现显出退化的倾向。经过对各个构成要素的分析，我们了解了一些中国石造宝箧印塔的演变过程。最早的出现在 11 世纪中叶，到 12 世纪初叶原来的造型已经消失了，并出现了各种各样的变化。目前我们无法考证石塔的建造是什么时候停止的，至少在 13 世纪已经有了很大的变化。

图8 宁波鄞州阿育王寺铜质舍利塔（元），佛舍利藏此塔内

图9 宁波鄞州阿育王寺明代石制宝箧印塔，内藏舍利塔

米明代石造宝箧印塔（图9），可其他石造宝箧印塔在浙江省却没有发现。可以看出，以石头为材料模仿宝箧印塔的行为有着独特的地域性，即以泉州为中心的福建、广东两省，而这些地域正是花岗岩的一大产地。

四 编年工作

中国的石造宝箧印塔的变化是否反映了年代上的演变过程？下面我们将采用考古学的方法，把石塔的成分要素拆开开来，尝试复原时间上的变迁过程（图10）。

中国的宝箧印塔倾向于塔身越往后越小。刻在塔身上的图案可分为两种：一是佛

经过上述的编年工作，我们知道：中国的石造宝箧印塔是一种从 11 到 12 世纪较短的时期内，在以福建泉州和浙江为中心的区域流行的石塔。日本的石造宝箧印塔是 13 世纪前叶出现，当时的中国石塔已不再是原来的金属塔的造型，并产生了许多变体，有的石塔刻上较复杂的纹样，有的则比较简单，有两个系列。与此对比，早期的日本宝箧印塔与金属塔区别较大，是因为日本宝箧印塔的原型是中国的已经变形了的石造宝箧印塔。这样的解释是通畅明了、切近实际的。

五 总结

此次我们进行的调研的最大意义在于：在中国对宝箧印塔进行了考古学的调查，同时探讨了与日本宝箧印塔的关系，并向大家

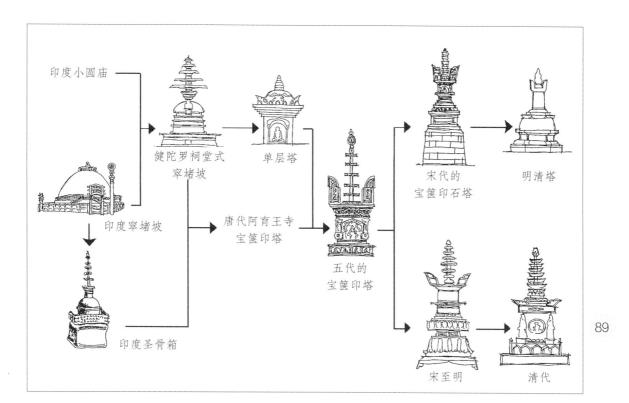

图10　宝箧印塔传入及在中国的历代演变

介绍了从前没发现过的石塔。只是每次调研我们都能遇到许多新的石塔，那么可以肯定，还有很多石塔至今未被我们所发现。我们希望以后以石造物研究为契机，中日双方能有更加积极活跃的学术交流。

参考文献：
［一］闫爱宾：《宝箧印塔（金涂塔）及相关研究》，同济大学建筑城规学院硕士论文，2002 年。
［二］川胜政太郎：《宝箧印塔两个形式试论》，《史迹与美术》，1976 年版，第 374 页。
［三］能势丑三：《镜山鸟影宝箧印塔》，《滋贺县史迹调查报告》，1934 年版。
［四］福泽邦夫：《中国的金铜、石造宝箧印塔二题》，《史迹与美术》，1988 年版，第 589 页。
［五］村田次郎：《中国阿育王塔形的诸塔例》，《史迹与美术》，1969 年版，第 392 页。
［六］薮田嘉一郎：《宝箧印塔的起源、续五轮塔的起源》，综艺社，1966 年版。
［七］吉河功：《石造宝箧印塔的成立》，第一书房，2000 年版。

89

【天人合一　和谐布构】
——姚江传统建筑概论

叶树望·余姚市文物保护管理所

　　回顾一种文明发生与演化的历程，离不开考察其空间形态。对应于人类古代文明四大基本活动的衣、食、住、行，其中"住"和"行"的空间形态就是住宅建筑和古道桥梁。在余姚，从距今7000年的河姆渡文化时期建筑的萌芽起，一直延续到宗法社会末期。期间，不断地积淀、继承和发展，逐渐形成以院落为单元，再以纵、横两个方向的轴线上多进、多路的院落，呈现出与其他地区同中有异的地域风格，同时也显示出宗法社会中人伦秩序的排列组合，和对宗法制度的空间性表达。

　　在原始社会河姆渡文化时期的干栏式建筑，是我国已知的最早采用榫卯技术构筑木结构房屋的考古实例。河姆渡文化前后经历了约2000年时间，这时期，先民的建筑可划分为三个阶段。在早期，住宅建筑作干栏式，据河姆渡发掘现场干栏式建筑桩木的总间距推测，建筑进深为700厘米。以每排桩木的长度看，有长达23米以上的，如果每间房屋的面宽以300厘米计算，每幢住宅至少有七至八间房屋，无疑是一种"长屋"。在每排桩木中有数根直径较大、间距相当的大桩木，应是主要的承重桩，在其间架设纵横交错的地龙骨。桩木与地龙骨的交接点的处理方法有两种：一是大桩木利用丫形树木，地龙骨直接安放在树杈之间，然后进行扎结加固；另一种是采用先进的榫卯技术，通常是在大桩木的上端开凿卯眼与地龙骨的榫头契合，然后在地龙骨之上铺设地板。从木桩露出地面的高度来看，基座高约100厘米。这便形成了架空的居住面。至于屋架的构建，通常认为是在架空的居住面上立柱架梁，构筑屋架，尔后敷椽，用苇席和茅茨盖顶。中期是栽柱式地面建筑，有两种情况：一种是挖洞栽柱，柱子直接埋入，四周填以石子、碎陶片和红烧土块等；另一种是先掏洞，洞底垫以木板（木块），然后再在木板（木块）上立柱，这是后世古建筑中柱础的最初形态。晚期做法则是先掏挖柱洞，柱洞内填入沙石、陶器碎片、红烧土等，经人工夯实后作为柱子的基础。据此，我们可以推断，自河姆渡文化后期开始，这种曾对我国古代建筑史产生过重大影响的干栏式建筑，随着社会生产力

91

的发展，在余姚一带逐渐衰弱下去了，最后被另一种古老的地面房屋建筑所取代[一]。凡此种种，说明当时木构建筑技术已明显高于黄河流域，达到了相当高的水平。因为有河姆渡文化那样久远和深厚的木构建筑历史渊源，促进了后期穿斗式结构的出现，并直接启示了楼阁的发明，导致二屋楼房的形成，才有中国古典建筑木结构技术的辉煌成就。

余姚一带进入宗法社会后，特别是东汉至六朝，这一中国历史上民族大融合时期。南方经济和文化飞速发展，这时在余姚历史上掀起了第一个建筑高潮。住宅、园林、别墅、城墙等建筑快速发展，又出现了寺院等建筑。早在西汉末年，严子陵就"携其妻挈迁余姚龙泉山之南麓"建屋居住[二]。东汉建安五年（200年），吴将朱然为余姚长，于姚江北岸龙泉山以东建城，城围"一里二百五十步，高一丈，厚倍之"[三]城内道路采取正东正北走向，作十字形相交，并与四门相通。城墙用夯土筑成，非常坚固。当时城内城外建筑成片。仅据《余姚县志》记载：主要建筑有"汉蜀郡太守黄昌宅在治西南一里，黄桥之南。桥本昌创建。"即现在的大黄桥。黄昌"本出孤微，居近学宫"[四]。"虞国宅在绪山（龙泉山）南……今为百官仓。""养亲堂：晋右卫将军虞潭以太夫人年高，求解职东归，起堂养母，亲友会集作诗言志。"可见，当时的住宅建筑已有了会友论文的中堂。不仅如此，有些豪族还建有小桥流水的园林，力图创造一种比较朴素的自然意境。如贺墅，内有聚石引泉，植林开涧的贺溪，为太傅贺循居住游玩之处。虞国墅，是汉虞国的别墅，园内

石路崎岖，堆山掘池。"阮家池在治西南梁文宣太后令嬴故宅"，建有曲沼、飞梁、重阁。其他还建有一些馆、亭等建筑。同时，由于佛教的传入，加上统治阶级的提倡，兴建佛寺逐渐成为当时余姚的重要建筑活动之一，并对以后这一地区的建筑发展产生较大的影响。如建于余姚龙泉山南麓的龙泉寺，东晋初建时规模就比较大，以后又不断扩建。

东汉至六朝的地面建筑已不见实例，根据余姚古代墓葬出土的明器陶屋、人物楼阙罐和零星文献记载，形象地再现了当时建筑形态，包括单体、院落等。当时的余姚民居平面为方形、长方形或日字形。屋门开在房屋一面的当中，或偏在一旁。房屋的构造除少数用承重墙结构外，大多数采用木构架结构，其木构架技术已日渐完善，抬梁式和穿斗式都已发展成熟。多层楼阁已大量增加。早期墙壁用夯土筑造，后期用条砖砌叠。屋顶已使用筒瓦或瓦当，多采用悬山式顶、庑殿顶、攒尖顶和歇山顶。有的住宅规模较大，无论平面是一字形或日字形，都以墙垣构成院落，后者有前后两个院落，中间一排房屋较高大，正中有楼阁高凸，其余房屋均较低矮，衬托中间的主要部分，使整个组群呈现出有主有从和富于变化的外观轮廓[五]。显示出在满足人们日常生活起居的物质性要求同时，特别重视血缘亲性关系和宗法伦理思想。再据考古发现推测，当时建筑的地下排水设施已比较完备。如马渚湖山的南朝墓，不但在墓底设有砖砌排水阴沟，而且在墓室前部还砌有阴阱，上覆砖制阴阱盖。马渚湖山的东汉墓，在紧靠封门砖的外侧设置陶质排水

瓦筒，残长六米有余，内径 16 厘米，瓦筒之间用子母口紧密套合，从一个侧面显示了当时地下排水功能的完备和先进[六]。

概括地说，这一时期的建筑风格，最初是茁壮、粗犷，尚带稚气，到后期，已呈现雄浑而带巧丽、刚健而带柔和的倾向，这是余姚一带建筑风格在逐步形成的历史过程中生气勃勃的发展阶段，显现出这一地区、这一时期的文化特色和社会进步。

明清以前的余姚古代民居，仅见于一些考古资料和点滴文献记载，已无实物可觅。比较完整的民居实例都是明清以来的遗存，其中清代遗留下来的较多，明代建筑虽已不多见，但毕竟仍有实例可见，使我们能对这一时期的民居建筑有较多的了解。明清余姚民居完全是在特定地域下的自然环境及人文环境的综合作用下延续发展过来的，虽受封建等级制的影响，但却疏于约束，较政治中心地区的民居更加依存环境，因地制宜，灵活多变。因而在与环境生态融为一体的有机生长中，保留了纯朴的古风和浓郁的地方性。其平面造型、内部装修等，在一定程度上反映了浙东一带的自然条件和时代文化意识。那些历代朝廷制定的建筑法规性质的文件，如宋代的《营造法式》与清代的《工部工程做法则例》是对当时政治中心地区建筑经验的总结，习惯称为"官式手法"。余姚一带的建筑匠师们，根据自己的实践所总结出来的一套建筑经验，往往是师徒相传，口授身教。这些经验总结，只是技术规定，不能以法令强制执行，只能是匠师们自愿遵守执行的，习惯称之为"地方手法"。但在余姚明清建筑工程的实践中，许多实例都证明两种手法往往互相混用。以余姚一地而言，就存在城区、平原及山区的不同居住风俗和建筑风格。

明清时期，余姚名人辈出，官僚地主麇集，他们或世居故土或辞官还乡，都曾先后营建了颇具地方特色的深宅大院。这些宅第大多分布于平原地区。尤以城区的宅第最为典型，均反映了一定时代的建筑风格和技艺水平，具有较高的历史和艺术价值。余姚的宅第建筑一般都是坐北朝南的封闭式院落，总体布局是纵向轴对称，两边的厢屋也完全对称。单体建筑一般是五间二弄或三间二弄，多者可达十三间。纵向少者三进，多者五进，最大进深可近百米。它们一般是：沿着纵轴线自南往北，分别为照壁、门厅、前厅、后堂、楼屋，最末一般为堆放杂物的低矮的后罩屋。大门呈八字形，开在门厅明间，每进单体建筑之间，均有庭院分隔。两侧或有厢房，或直接围以砖墙。庭院中常砌有南北走向的二道砖墙，把庭院一分为三，纵轴

[一] 参阅林华东：《河姆渡文化初探》，浙江人民出版社，1992 年版，第 201、202 页。

[二] 光绪《姚江云柯严氏房谱》卷一《家史引》。

[三] 光绪《余姚县志》卷三《城池》。

[四] 《后汉书》卷一七〇《黄昌传》。

[五] 季学源等主编：《姚江文化史》，宁波出版社，1998 年版，第 67 页。

[六] 叶树望主编：《姚江田野考古》，《余姚市湖山乡汉——南朝墓葬发掘报告》，2008 年版，第 312、321、322 页。

93

线上形成川弄式，整个布局井然有序。这种传统格局，大多为明代建筑，以城区邬家道地、宰辅第、翰林房等最为典型。其中宰辅第尚存门厅和正厅。门厅明间脊檩枋上置组合斗拱，大门原由头门、二门和三门组成。头门宽大、厚实，门槛也特别高。门厅前的石阶左右原有一对高约二米多的石狮，雌雄相对，威势逼人。正厅高大空阔。各厅间前的天井，均用大石板铺设，中间设甬道，两侧置厢房，临天井一侧有回廊相通。天井北首尚存石制门楼一座，古朴典雅，眉额上明代彩绘仍隐约可见。再如翰林房，全宅通面阔近40米，通进深达92米，两侧厢楼从南至北紧密毗联，各达18间，临天井一侧设回廊相通。梁架结构用材横断面呈圆形，瓜柱肥矮，下部做成鹰咀状。各间中柱或脊瓜柱上置座斗承十字拱支撑蝴蝶木及脊檩。整座建筑群结构朴素，用材较大。

城区的叶家举人房，在总体布局上略有不同。共三进，一般在每进建筑的明间北首，均建有砖石结构的门楼，勒脚做成须弥座，上立石柱，石柱上压有石天盘。眉额上的砖面雕有精致的花纹，并有砖雕斗拱，檩及椽。门楼两翼的围墙与庭院两侧的厢屋南山墙连接，并在每进建筑左右，有贯通前后的备弄，从而形成两个或两个以上纵深排列的独立而又互相联系的院落。类似这种地区性格局，还有王阳明故居、黄家墙门等，这些大多是明末清初的建筑。

另外，还有少数形同北方的四合院住宅。大门开在纵轴线偏东，即整座住宅的东南角上，门内迎面建照壁，使外人看不到宅内的

活动，自此转西为前院，南侧为倒座，自前院经纵轴线上的二门，才进入全宅的核心部分。采用这种布局的大都为清代建筑。如武胜门路的倪家民居、陆埠的翁家老宅等。

从总体布局上看，余姚的明清深宅大院还有跨院式布局。即除了向纵深增加院落外，还从横向发展增加平行的几组纵轴，如城区的霍宅和丈亭的九进十门槛。

余姚的明代建筑梁架结构的组合比较朴素，新颖多变，气势宏伟，明间用抬梁式木构架，其他各间采用穿斗式与抬梁式的混合结构，有时为了使厅堂明间与次间组合更大，还采用减柱造，即省减去前金柱或后金柱。这种结构一般是通过延长抬梁以搁置童柱来替代金柱的功能，以达到简洁、明快、开阔的目的。例如谭家岭的朱家大厅等。明代建筑梁架结构的外围砌空斗墙，分隔墙仍残留有竹笆泥灰壁。屋顶多为悬山、硬山或风火山墙，也有卷棚顶。楼屋一般为重檐，厅堂明间均施六扇六抹福扇门，棂子做成六角、八角、方格等几何形，或干脆用板窗和板门。同时，还考虑到气候和季节变化等因素，保持室内外空间互相连通，避免太阳直晒，防雨，因此，房屋进深特大，出檐也深，并设置外廊。大多数厅堂门面和分隔堂屋的平板门可拆卸，作敞口厅和扩大明间空间。在楼房的分层处还设有腰檐，没有腰檐的山墙窗门多加雨披或窗罩，便于雨天开启。围墙、风火山墙的上部一般也都盖有瓦顶，以保护墙面不受雨水渗透。厅堂前多有卷棚顶廊子，形制秀美而富于变化。梁架的装饰或素面或仅加少数雕刻，涂栗、褐、灰等色，基本不施彩绘，房

屋外部的木结构部分用褐、黑等色，与白墙、煤线、灰瓦相合，色调雅素明净。

明代或明末清初建筑中的梁枋用材一般比较粗壮，梁的横断面呈圆形，枋的断面显得瘦高，瓜柱矮胖，呈柁墩状，有的下部做成细长的鹰嘴状。柱子呈圆形。檐柱及中柱上经常置大斗及十字斗拱，檐下多无平身科、额枋或穿插枋，但个别的在脊檩枋上置有平身科。如宰辅第大厅明间脊檩枋上置四攒一斗三升斗拱，次间置三攒。斗拱在明代民居中的应用已有较固定模式，基本上已失去了承重支撑功能，而仅仅是作为宅第规格、等级的标志，这对以后的清代民居斗拱仅起装饰作用产生很大影响。柱础有鼓形、素覆盆式，毡帽形及上为鼓形，下呈覆莲的双层柱础等四种形式。地面均用方砖直铺或错缝铺墁。门厅左右两侧分隔墙均用水磨方砖菱形贴砌。明代建筑的总体结构可以说是规矩谨严，用材粗壮，结构简练。尤其是王阳明故居及邬家道地的大厅，气势之高大，气魄之宏伟，在余姚是屈指可数的。

明代有严格的住宅制度，严禁在宅第的前后左右构筑亭馆、开池塘、建花园之举。但此规定似乎并没有阻止余姚人在宅第外的区域建筑园林。据地方文献记载，在余姚城区先后建有乐志园、光禄园和众乐园。其中乐志园就在宰辅第右侧，规模也最大，为吕本过继孙子吕祠部所建，俗称落马园。园背倚龙山，三面环水，园中红渠绿篱，山池萦绕，岛山俯瞰，清雅幽静，远隔尘世[一]。

[一] 叶树望主编:《昔日姚城》，天马图书出版社，2001年版，第80页。

余姚的清代建筑，普遍用材不大，比较注意装饰。例如丈亭九进十门槛，为清代早期建筑，纵向三进，有多条轴线及备弄组成，规模很大，整个布局不拘一格。它们的特征是：较多运用勾连搭牵梁架结构，瓜柱瘦高，下部也呈鹰嘴状，有的做成荷叶墩式；轩廊月梁一般刻有花纹；柱子呈圆形，有的采用"包镶法"；柱础呈鼓形或显得瘦高的毡帽形。到了清晚期，结构有些过于繁琐，木雕、石雕、砖雕精美，廊顶的"轩"，跨度小，制作精美、繁复，轩梁、花篮及雀替上均布满雕刻。斗拱的比例相对缩小，平身科一般置于金檩枋上，仅起装饰作用。在有些建筑中还出现了雕刻精制的斗拱。给人一种雕镂琐细、繁缛柔靡之感。较典型的有工人路的宜春堂、低塘双桂楼及河姆渡万隆老屋。

余姚山区的民居，已不见明代建筑，大多为清中、后期的建筑遗存。这些建筑由于受地形、环境及经济条件的限制，总体布局大多因地制宜，依山势傍溪而建。一般以狭窄的天井为中心的三合院或四合院式为主，不向纵深或横向发展，一宅一院，占地不大，位于山旮。为适应山地特点，

图1　何胜黄宅抱头梁雕花

形式多样，纹饰繁复，呈现出小巧玲珑的建筑风格。如雁湖何胜黄宅，规模虽不大，但装饰雅致，雕刻精美、豪华，犹如一座巧丽的"雕花楼"（图1）。

余姚的山区民居大多依山势而建，在地形坡度稍缓时，房屋内部空间则顺斜坡而建，即全室可处同一倾斜面上。如钱库岭张宅，其门厅依山势建在斜坡上，形成前立面高于背立面的建筑形式。在门厅内的过道上置18级如意石阶逐级而上。如在地形稍陡处建房，则修筑阶台形地基，房屋分幢跌落或抬升，使前进和后进分处在高低不同的台基上。如棠溪唐家墙门，穿过门厅过道，即为十级石阶，拾级而上，才为主楼前的石库门。

总之，余姚的深宅大院，具有强烈的封建宗法制度的影响和成熟的尺度与空间安排：宅第严格区别内外，尊卑有序，讲究对称，对外隔绝，对内自有天地，与长江下游一带的宅第建筑既有共同之处，又有其自身的特色，在一定程度上反映了浙东一带的古代民居风貌。

余姚的山区建筑由于受地形的制约，特别重视空间的合理利用，总体布局依据现场的地形情况而定，设计思想近于"功能主义"。同时，由于礼制思想相对于平原地区为淡薄，因此，在追求建筑造型完美的同时，充分展现出灵活的组合和形式多样的民居格局。

宗庙在民间称"祠堂"、"家庙"，先秦自天子、诸侯至士大夫阶层以下均有宗庙或家庙。汉代臣民家庙均称"祠"，一般建于墓侧。两晋时的家庙为宅邸内的"客堂"、"庙堂"等。直至隋唐至宋，祠堂才真正成为维系宗法血缘纽带的核心，反映出宗法秩序和空间布局

房屋择向不限朝南，东、西亦可。前为门厅，正中为堂屋，是宴客行礼之所，两侧或楼上为长辈住室，两厢为晚辈住所或厨仓之类。周以排洪沟，遍植竹木，处境隐蔽。其特点是灵活自由，经济便利。

由于山区比较阴雾潮湿，因此，与平原封闭禁锢的民居结构形式相比，显得比较敞开外露，给人以舒展轻巧的感触。天井和堂屋，常以鹅卵石及石板满铺。建筑梁架以穿斗式为主，所用木料直径较小，通常为就地取材的杉木。因此，抬梁构架一般为三架梁，跨度较小。建筑木材常以熟桐油涂刷，木纹天然。室内分隔墙多用"竹笆抹泥灰"粉白，外墙为不规则块石砌叠，也有土坯墙和少量砖墙，与青灰瓦相衬，形成了色彩、肌理、质感的自然对比，温润明朗，与山野绿色相映成辉。经济富庶之家，则在不大的建筑空间内漆以黑、褐、棕色调。梁枋、雀替、撑拱及槅扇门、窗的绦环板和裙板上精雕细饰人物故事、神仙、八吉祥等图案，格心棂条

的天人之间，以及人与人之间的相互依存关系。朱熹在《家礼》中谈到祠堂时说："君子将营宫室（指住宅），先立祠堂于正寝之东。祠堂制三间或一间"，建在宅内，属家庙性质，可见其规模仍然很小。到了明代，朝廷方"许民间皆得联宗立庙"，可以全族共建，才出现了全族共有的祠堂建筑，规模也相应扩大了。

余姚现存的祠堂建筑都建于清代。由于各宗族大小不一，经济实力不同，因此，宗祠建筑有的简陋狭小，有的规模壮观宏大，装饰豪华，还附建有义仓和戏台，成为地方上突出的建筑。如泗门谢氏始祖祠堂，前后共有三进建筑，占地面积 1638 平方米。前厅议事、后厅享堂，主楼为后寝，两侧各置五开间义仓。全祠规整宏大，气势庄重，装修精湛，彩绘生动。总之，不论祠堂建筑规模大小，其最基本的格局是由享堂、后寝和两翼附房组成，序列完整，布局规整对称。建筑风格大体同于宅第建筑的前堂、后寝，但建筑形制却隆重得多。一般来说，享堂是举行祭祀大典的地方，是全祠的中心，后寝或为平屋或为楼房，是供奉祖宗牌位和庋藏族中珍宝家谱和诗书文墨的处所。这些祠堂，都客观地反映了余姚历史上的祖宗崇拜和封建宗法伦理制度。

佛教大约在汉代就已自印度经西域传到中国，当时佛寺已有以殿堂为主和以佛塔为主的两种布局形式了。汉魏以来由于皇帝的敕建，以及南北朝时民间"舍宅为寺"的时尚，从而促使佛寺进一步汉化为中国固有的宫院或宅院布局，并包含了不少中国宅第建筑的因素，同样都以木结构为本位，都采用院落形式的群体组合。

余姚最早寺院是建于东晋咸康二年（336 年）的龙泉寺，唐咸通二年（861 年）毁后敕建，以后又逐渐扩建。至元代，已"自山麓至绝顶，殿阁俨然，背山面水，为一邑佳处。"现存大雄宝殿及藏经楼为清光绪元年（1875 年）重建。余姚现存的古代佛寺，都为清代建筑，其建筑群布局虽同于宅第的院落形式，但建筑的规格和规模要明显高于宅第建筑，特别是大雄宝殿，一般多为歇山顶的宫殿式建筑，即使为其他小式建筑形式，也均建得高大恢宏，装修精美。如始建于五代时期的禅悦寺，后又敕建于后晋天福元年（936 年）。现存建筑为清光绪三年（1877 年）重建，其虽为小式建筑，但重檐马头山墙、高台基的大雄宝殿，精湛的卷棚、梁枋雕刻，瑰丽的壁上彩绘，仍然显现出当年雄伟、典雅、肃穆的风格。综观余姚古代的佛寺建筑，一般以纵轴线对称布局，依次为山门、天王殿、大雄宝殿及两侧配殿、藏经

97

图2　仙圣庙戏台藻井（王松国摄）

楼等，规模普遍不大。其显著的特点是，不见寺院有钟鼓楼和佛塔，至今更无实例可寻，也无文献记载。这种现象在余姚历史上是客观存在的。这可能与儒学对余姚社会历来的深刻影响，促使人们能较理性地对待宗教有关。从而通过对佛寺规模的简缩，表现出不注重表现人们心中对宗教本身的狂热，而是重在"再现"彼岸世界的宁静和平安的实用宗教理念。

对自然的敬畏、对先贤圣哲的崇敬和追羡，历来是中国人的思想观念，这些观念被神化后，就出现了始于汉代的祭祀建筑——庙宇。

余姚现存的庙宇均为清代建筑，一般规模较小，从其地域分布来看，一者建于集镇和城区，多官方所建，采用传统的纵轴对称方式布置院落，较严谨整饬；一者建于远隔闹市的深山僻地，多民间自建，密切结合所在环境的自然景色和地形起伏，采用当地民居手法，风格活泼灵巧，气氛朴质亲切，追求一种超脱尘世的境界。如从庙宇的性质分，也可列为两类：一类是略同于现代的人物纪念馆，属广义祖先崇拜范畴，其泛家族的色彩具有更多的人文文化内涵。如牟山的关帝殿、河姆渡的金吾庙等。另一类所祀的是民间信仰的各类神灵，有一定的宗教性，可称为准宗教建筑。如城区梁堰村祭祀"东岳"的岳殿、鹿亭仙圣庙等。建于清康熙八年（1669年）的仙圣庙的戏台藻井和大殿斗拱，是余姚传统拱昂建筑的杰出代表。其戏台藻井，由精致的斗拱和翘昂组成，层层出跳，盘旋而上，内收成穹隆顶。藻井四周还雕塑八个龙头和花篮，结构繁复，装饰考究。大殿额枋上的平身科斗拱，双昂，出五踩，是余姚现存传统木构房屋建筑中拱昂出跳最多的一例（图2）。

在余姚传统庙宇中还有一种与民俗活动有更多关联，多由同业商民集资合建的奉祀各行祖师的建筑，略同于现代的同业商会。较典型的为山王庙。山王庙在大隐集镇内，初建于唐代，重建于清代，是一处具有浓厚商业特色和民间风情的祭祀建筑群。大隐历史上采石业非常发达，居民大多以采石为生，随着采石和石材贸易的不断发展，才逐步形成了大隐集镇。因此，山王庙作为当地石业祀祖庙宇主祀山石神秀公，并配祀财神和鲁班。庙内殿堂不但"三雕"精细、繁缛，挑廊卷棚精湛，马头山墙高耸，而且还建有一排临街商铺楼面，作为石业者们议事、经营之场所。可见此类庙宇性质颇为驳杂，既祭自然神，也有祖业崇拜的意味。又有道教的成分，更是行业经营的处所。业内人士好像并不太在意于这些区分，只要有一个祭祀、聚会和洽谈生意的场所就可以了。

总体而言，这些建造在集镇和乡村山林胜境中的敕建或民间寺庙的建筑特点，可归结为天人相宜、空间多变与民居格调、地方风格。

桥梁是江南水乡的道路纽带，也是水乡的特色。在余姚境内形成众多的石桥梁中，以在墩台之间用拱形构件承重的石拱桥为最多。它以独特的风格和美丽的造型，赢得了世界桥梁史上的盛名。据考古资料，这种桥型在我国至迟始建于东汉时期。拱桥的出现，绝不是一个孤立的现象，据余姚一带考古发掘显示，东汉时期的墓室顶部已开始出现砖拱式结构，但拱券形式还比较粗糙，尚无楔形砖出现，券顶显得单薄，凹凸不平，结构不甚牢固，可以看出当时的起券技术尚处于滥觞阶段。到了两晋时期，墓葬结构前设甬道、后建墓室，顶部多用楔形砖和阴阳榫形砖砌拱券，显得牢固厚实，解决了东汉以来墓室顶部所未能解决的耐压问题。发券的方法：或用单层券，或用双层券与多层券，每层券上往往卧铺条砖一层，称为"伏"，起到加固拱券作用[一]。可见，在两晋时期，余姚一带的建拱技术已发展到相当成熟的程度，古人把这种技术运用到石拱桥及其他地面建筑的砖券或石券建筑上去就是很自然的了。

余姚现存的古代石拱桥实例，都为清代建筑，有单孔券，也有多孔券，最多达五孔券，大多采用圆弧线形状和纵联分节并列砌置法。其中有很多石拱桥采用坦拱。如四明山区的镇东桥和陆埠的白岩桥，就是一种坦拱石

99

[一] 参阅叶树望主编：《姚江田野考古》，《余姚市湖山乡汉——南朝墓葬发掘报告》2008年版，第312～335页。

桥。拱券坦，桥面随之亦坦，便于行走，但拱坦则桥下净空小，可能妨碍河上通航。因此，在余姚更多的是陡拱石桥，其矢跨比大于二分之一，以满足充裕的通航净空要求。重建于清雍正九年（1731年），地处城区的通济桥以及晓云大方桥（图3）和大隐胡家洞桥等就是这种桥型。特别是通济桥，其主孔拱矢高度与拱的跨度相比，比二分之一还大些，这是桥工们全盘考虑了陡拱桥具有拱脚推力不大，能在一定程度上防止由于桥台水平位移造成拱券塌毁的结果。但也有桥面过陡，车辆难以上桥的缺点。这对于河道纵横、沼泊星布的江南水乡，货物多靠船载肩挑来说，这一缺陷是不会很突出的。

根据余姚大多数实腹式石拱桥的砌法及实地调查，其拱背上加有一层护拱石，从而加强了拱券的横向整体性。同时又采用拱顶窄于拱脚少量收分法，使桥的横断面呈梯形，减少了拱券向外倾侧的趋向，加强了外侧拱券石的稳定性。拱上建筑砌法为：在拱背上两边，用条石砌筑边墙，两墙之间填以碎石三合土黄沙之类，其上铺设桥面或桥阶，又在边墙中段与拱跨中心对称之处，设置长度大于桥宽的长系石和间壁，横贯全桥的宽度，用以联系两侧的边墙，使本来松散的填料与边墙形成一定的联系，能在一定程度上限制石拱变形，增大主拱券的强度与刚度。可见，建造陡拱桥的匠师们，不仅考虑到主拱券对拱上建筑的支持作用，而且有意识地利用拱上建筑对主拱券的支持作用。

在人们一般感觉中，直线坚挺深远而曲线柔和多变，因此，拱桥的美感比之直线形的桥梁来得更为强烈。在余姚陡拱石桥中，曲线最美者首推鹿亭中村白云桥。现存的白云桥重建于清光绪十六年（1890年）。它又高又窄，桥面作成双向反弯曲线，配上高耸的拱券，精致的望柱雕刻，形态变幻多姿，桥下深涧激流，倒影成环，两边山峦高耸，颇具虹贯白水，凌空越阻之势。

在余姚古桥中，还有一种梁桥是最古老的桥型，单孔和多孔兼有，石梁和木梁并存，是典型的漫水桥，大多建于山区。比较典型的有丈亭积善桥等。其中大隐学士桥很著名。学士桥初建于宋代，清咸丰四年（1854年）集资重建，全长七十余米，是座石砌平板多孔梁桥。桥面上刻"五福捧寿"、"平升三级"等寓意吉祥图案，两侧不建栏杆，便于排洪，两端用条石铺砌石阶，远望显得十分平缓舒展（图4）。

在余姚还有一种形似水上游廊的廊桥，有石墩木梁，也有石拱结构，特点是在桥上

图3　大方桥（王松国摄）

建屋，供行人歇脚、避雨，既实用，又坚固、美观。如重建于清代的四明镇东桥，为单孔坦拱石桥，上建屋五楹，风格典雅（图5）。

图4　学士桥

在山区，古代桥工为了增长桥梁跨径，利于排洪，兼顾船筏通航，科学地运用了力学原理，把普通的石梁桥发展为八字形石桥。如梁辉金岙村的万安桥，两侧间置石栏板、望柱和雕刻精制的抱鼓石。万安桥虽然规模不大，但建造方法是比较科学的，南北两端桥塆用条石错缝实叠，并逐渐外挑，从而比同样规模的普通石梁桥增大跨径三米。但挑出部分的条石在桥板和人畜荷重的压力下会有翘头的危险，而且外挑石所受到的弯力也很大，容易断裂。为解决这个难题，桥工就在挑石外侧用长条石斜撑，从而形成了八字形桥孔。但八字形

图5　镇东桥

是一种几何可变体系，斜撑石与桥板接触面又小，在不对称的活荷载作用下，就会开缝滑动，甚至导致桥梁倒塌。因此，在斜撑石和桥板的结合处，用一块两侧凿有槽口的条石联接起来，使原来桥板对斜撑石向下的压力，分成水平方向及垂直方向的两个分力，从而增大了桥面上的载重量。这种八字形石桥，加工简单，省工省料，比较适合山区的经济条件。

鸦片战争后，资本主义生产方式的发生和发展，西方建筑思想的渗透和西方建筑实例的不断出现，逐步导致中国建筑的近代化。从余姚现存近代建筑来看，存在三种建筑形式：一是在农村、小集镇和山区，仍然继续延续发展着传统木构建筑形式及总体布局要求，但在某些细部结构或装饰上，却掺入了西式风格的构件。如车木栏杆、玻璃槅扇门窗、变体柱头拱和柱头灰雕等。以陆埠谢家墙门、黄家埠胡氏老宅等为典型代表。二是基本沿袭传统建筑做法，但却在传统基础上根据功能及形式的新需要，吸收近代西方建筑观念的某些形式、某些元素，进行了一定改造，采用砖（石）木混合结构。主要特点是砖石承重墙、木架楼板、人字木屋架，并大量使

用砖石拱券，砌筑工整、灰缝均匀美观。在装饰上施用砖雕、石刻、木装修、石膏花饰、油漆饰面、水磨石或拼花瓷砖铺地、细木地板、玻璃门窗等。从而跳出了传统的木构架建筑体系，从一个侧面刻印下余姚建筑走向近代化的步伐。诸如府前路的周家墙门和徐氏洋楼，它们是上海石库门居宅建筑的变体。总体布局则脱胎于传统三合院民居。其中徐氏洋楼最为典型，它将处于纵轴线上的门楼改为石库门，两侧围墙较高，入门为长方形天井，迎面即是硬山二层三开间正屋，正中为客堂，

图6　金山新墅墙门西式山花

图7　八角洋楼（王松国摄）

客堂后部设横向楼梯，再后为横向长方形后天井，最后为单层灶间等辅助用房。布局十分紧凑。正屋前立面采用水泥抹面割缝，水泥明柱上饰灰雕。结构为立贴式砖木结构。外观与室内装修均为中西结合形式。再如凤山街道的金山新墅（图6），整体为本土传统布局，但在建筑式样上、技术和装修上结合了西方的一套。檐廊用水泥拜占庭风格栏杆、室内用细木地板、墙面作墙裙、天花板作石膏花饰等。最有特色的是其门楼，前立面为意大利巴洛克风格，背立面为中式砖石雕刻结构，着实体现了中西合璧之时代精神。三是纯粹从西方同类型建筑引进、借鉴、发展的建筑，采用砖（石）钢筋混凝土混合结构。此类建筑在余姚已留存很少，如逊棣路的八角洋楼（图7），是当时西方国家流行的建筑类型，平面按功能要求设计，结构形式上采用砖墙承重，楼层、过梁、加固梁用钢筋混凝土混合结构。建筑空间通透、流畅，造型面貌也是很地道的"现代式"。与前者建筑相比，其近代化水平是很高的。

总体上，余姚的近代建筑，大多是在本土传统建筑的基础上，吸收了外来建筑因素，继承和发展起来的。也就是在清代木构建筑的结构向着简洁合理进化的同时，其装修艺术却反而走向堆砌和奢靡的时候，随着鸦片战争的爆发而走向了尾声。从此，余姚传统建筑与全国其他地区代表农耕文明的建筑一样，开始向西方影响下的近代工业文明的建筑过渡了。洋务运动又进一步使余姚这个沿海城镇延续了数千年的古代建筑转入了近代建筑的发展序列。

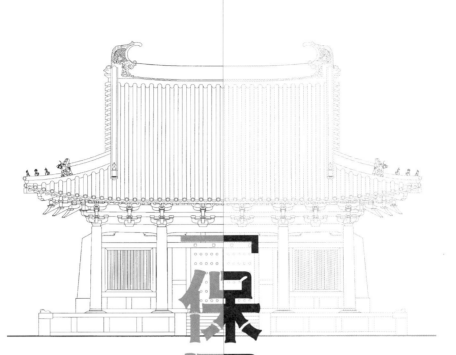

「保国寺研究」

叁

【历代名人与保国寺·民国篇】

徐建成·宁波市文化广电新闻出版局

民国的时候，由于一斋和尚主持，保国寺迎来了再次中兴。很多往事以诗的方式记录下来，勾勒出相关名人与保国寺的历史缘分和文化情愫。

一　佛界俊彦兴诣保国寺

谛闲（1858～1932年）法师，是清末民初中兴天台宗的大德和尚。1913年他为宁波诸山长老邀请所推，接掌城中观宗讲寺住持。寺内设有观宗学社，对外招生，学社共有学僧四十多人。当时同班受学的，有仁山、宝静、常惺、显荫、持松、妙真、可端、妙柔、倓虚等，日后都成为中国近代佛教界的俊彦、名僧。其中，年龄较大的有两位，一位是上海留云寺退居方丈禅定法师，是年已四十六岁；另一位中年出家的倓虚法师，是年四十四岁，后来以他的成就最大。而以显荫法师年纪最小，但他的功课成绩却十分出色，据倓虚法师口述的《尘影回忆录》记载，民国七年（1918年）观宗学社举行学期考，常惺法师考第一，仁山法师考第二，而显荫考了第三。学期考结束，恰逢仲春时节，谛闲偕同仁山、常惺、显荫等人兴致勃勃地来到保国寺参游，与一斋住持交流，山道间你吟我唱，留下了《保国寺古迹八咏》诸多珍贵诗篇。

谛闲看到山门牓，吟道："将军中央卓立，四面群峦拱揖，真个天然主宾，颜曰东来第一。"释仁山（1887～1951年）跟着吟诗："寺门无别妙庄严，骠骑峰高可作帘。第一山题颜御史，动人豪兴欲奔瞻。"

仁山俗姓顾，别号天晴，江苏省金坛县人。自幼颖悟过人，入塾受学读书，专攻制艺，为同里乡前辈"江南通儒"冯煦所喜爱。十四岁参加县试，县令见他年纪最幼，而文字最佳，特拔置为案首。仁山精通制艺八股，旁涉老庄之学，文宗韩柳，诗则近于元白。他才思敏捷，倚马千言可待。谛闲后来请他在观宗学社中任监学。仁山后任中国佛教会常务委员，受到大江南北缁素的尊敬，与太虚大师同被视为当时佛教改革派的领袖。著有《华严新疏》、《法华析疑》、《瑜伽师地论注释》、《法海波澜》等。

再说释常惺（1896～1939年），法名寂祥，俗家姓朱，江苏省如皋县人。幼年丧父，赖其母抚育成人。母氏且亲为课读，而常惺聪明过人，勤读不懈。学龄入塾受学，塾师授以《中庸》、《大学》，辄忆诵不忘。十二岁时出家，但未落发易服。民国二年（1913年），月霞法师（1857～1917年）在上海创设华严大学，常惺负笈上海，考入华严大学就读。民国五年（1916年）秋，华严大学首届学生毕业。这一期学生中人才济济，如慈舟、智光、霭亭、了尘、戒尘、持松等，后来都是弘化一方的大德。常惺自华严大学毕业后，闻知宁波四明山观宗讲寺，有"观宗学社"之设，乃往四明山观宗寺依从谛闲法师，学习天台教观。由于在学社两年，考试常名列第一，常惺受到谛闲法师的器重。后来，常惺法师出任厦门南普陀寺的闽南佛学院副院长，杭州昭庆寺"僧师范讲习所"主讲，北京柏林寺"柏林教理院"院长，为僧教培养师资人才。协助太虚法师在柏林寺设立"世界佛学苑"，出任中国佛教会秘书长。常惺法师思想新颖，学通性相，融会空有，而不滞于宗脉观念，主张平等研习各宗学理，以实现大乘救世的精神。法师著作颇多，而以《佛学概论》一书最为佛教界所重视。

常惺在兴游保国寺大殿时作诗道："祥符殿建祥符间，建殿先贤去不返。回首当年多少事，空余幻影落灵山。"走到叠锦亭时又吟道："叠锦亭堆万锦丛，春风微动各争雄，群僧若了机前意，一片灵光处处通。"

民国时代，我国佛门中出了一位天才比丘，他就是此行兴游保国寺的师徒关系中最年幼的释显荫。

释显荫（1902～1925年），俗家姓宋，名今云，江苏省崇明县人。天才型的人物，其思想自幼即与庸俗者不同，他智识渐开之后，即感于人生无常，八苦煎迫，而亟思解脱之道。受恩师谛闲教传，深悟法要、经藏，钻研不懈。民国九年，上海丁福保居士编纂《佛学大辞典》完成，特请少年比丘显荫为之作序。全文洋洋千余言，精辟典雅，底蕴透彻，文名远播。显荫后去日本修习佛学，日本佛学界人士十分尊重显荫的真才实学。延请其为日本藏经刊印会搜集未入藏的中国重要佛学作序。民国十四年（1925年）春，归国后，显荫久病入膏肓，医药罔效病逝于上海，结束了其绚灿而短暂的一生，惜哉。显荫为保国寺留下的诗作，颇耐人寻味。他对保国寺大殿西侧外檐角留有的"木馒头"吟下一段诗句："木馒两个古相遗，梁上头头细认之。神匠鲁班传妙旨，豪吟释子赋新诗。饼从画就胡能饱，饭是沙蒸岂疗饿。警策缁流休放逸，前贤用意费人思。"

此外，民国时期，来到保国寺的高僧还有许多，如八指头陀（即敬安法师，1851～1912年），曾任中华佛教会第一任会长，是清末著名的诗僧；寄禅法师的弟子太虚法师、志圆法师等，均为保国寺留下了诗文。

二　书画大家闲访保国寺

山门牓、净土池、祥符殿、志书碑、叠

106

锦亭、望日台、石柱牌、木馒头，是保国寺胜迹游览的八处景致。民国时期，有不少书法家也来到了保国寺，留下诗作和墨宝。其中著名的有大师级人物邓散木。

邓散木（1898～1963年），字纯铁，上海人，别号且渠子，更号一夔，一足，中国近现代书法家、篆刻家。他的真、行、草、篆、隶各体皆精，与吴昌硕（苦铁）、王冰铁、钱瘦铁，号称"江南四铁"，在艺坛上有"北齐（白石）南邓"之誉。1925年前后他在宁波开个人作品展览会，两度登临保国寺，留下《题保国寺古迹六首》佳作。

> 此是朝山第一步，入门方得见真如。
> 抬头虎掞龙挐字，犹认当年急笔书。（山门牓）
> 辟地为池佛座前，石阑迴护水中天。
> 分明一钵东流水，移向灵山种白莲。（净土池）
> 祥符古殿一千年，燹后山河历劫烟。
> 自有神灵护佛迹，任他陵谷变桑田。（祥符殿）
> 九百十年兴革事，志书有石未应非。
> 法堂东侧莓苔月，疑有蛟龙夜夜飞。（志书碑）
> 象鼻峰头放眼空，涛声谡谡起松风。
> 青山缺处铜钲挂，一林朝霞照海红。（望日台）
> 石柱坊前活水流，往来到此一艫舟。
> 教人认取灵山路，梵宇琳宫在上头。（石柱坊）

再说另一位书法家严恒，是著名实业家、书画家严信厚的父亲。严恒，字笠舫，号石泉居士，别号竹舟，慈溪费市人（现属江北区庄桥街道人），善画芦雁，得边寿民遗意。保国寺的营构智慧与严笠舫创立的"七巧书法"有着密切关联。

众所周知，七巧板是我国著名的智力游戏，不但经年流传于中国南北，而且被西方国家选为儿童智力开发的必选玩具。在英文中称为"唐图游戏"。清末民初，严笠舫经常到访保国寺，吸取灵感，首创了"七巧书法"，著有《听月山房七巧书谱》。严笠舫在《七巧书谱》中自序云：曾得一斋主人真本，凡有一式，必引古人诗句以合其意。严笠舫独创的"七巧书法"将七巧板游戏与书法艺术巧妙地加以结合，科学拼成1～10划简明常用字，计550

107

式字体，文字的笔画均用三角形、正方形、菱形等七巧板木组成，确实别具一格。这似画如字的七巧书谱，扩充了七巧板的表现空间，可谓是天衣无缝，令人称奇，此书流传近一个半世纪，其创意迄今仍受到人们的重视。

胡炳藻（1862～1942年），字苣庄，号桥南。清末举人，国语教师兼儒医，居慈城镇解放桥南胡家大门，与梅调鼎、钱子和、何条卿平生至交。他是书法家钱罕的舅舅，现代书画家凌近仁的丈人和老师。胡炳藻为保国寺留下了诸多诗文和墨宝。此外，还有葛祖椿（生卒年不详）、江迥（江五民，字后村，号艮因，光绪十四年举人，奉化人）等民国书法家对保国寺情有独钟。

三 教育学者悟游保国寺

李唐赵宋皆陈迹，殿宇巍峨造化奇。
九百年前新建筑，雄风谁继大宗师。
（祥符殿）
中原落日剩荒台，片善何人起草莱。
放眼绛宫明灭处，滔滔雪浪自东来。
（望日台）

这是南开大学创办人严廷桢根据当时政情时事，结合保国寺的陈迹，发出内心的感悟。严廷桢，慈溪人，字渔三、老渔，号辟庸，室名严秋室，世居天津。他律身至严，接物至和，其诗赋物写怀，因事见志。《保国寺古迹四首》写于民国十四年前后。

民国时期，浙江兴办的学堂大多是民间自办，校舍大多借用宗祠、寺庙或民宅，条件相当艰苦，所幸相当一部分士绅热心教育，他们有的不计报酬，甚至经常垫付学款。1907年以后，相继发生了乡民毁学事件，沉重打击了士绅办学的热情。毁学民变对日后浙江教育事业的发展产生了颇为消极的影响，有人认为"科举之废，学堂之兴亦已十年于兹矣，而教育之普及较之科举时代乃反见其退步"。从某种程度上讲，这话是有道理的。

慈溪毁学风潮之后，慈溪教育会董柳在洲（慈溪举人，浙江省咨议局议员）、钱保杭，劝学所董俞斯、任祖望先后要求辞职，导致"新政诸端，无从措手"。此时的柳在洲在保国寺闲居，留下了一些诗作，表达了他内心的忧楚。

柴小梵（1893～1936年），名尊，又名紫芳，今慈溪掌起镇洋山田央村人。柴小梵早年曾在慈西亭亭、芦江及慈北柴家志成学校任教。1917年东渡日本，在慈溪籍华侨吴锦堂创办的中华学校执教。旅日七年，于1924年回国，在安徽省财政厅、广东筹饷处、黄埔军校等处任职。1930年起任河南省政府秘书。1936年3月17日在北京病逝，终年44岁。

柴小梵早慧，弱冠能诗，文名远播，为时所重。有人曾评价"慈湖柴小梵才藻惊人，洋洋洒洒，动辄千言，风发泉涌，不可节制。"南社诗人杨了公称他"两代明清掌故谱，四明巨手重东南"。叶恭绰誉称"柴子小梵有经天纬地之才"。十七八岁时就撰写《红冰馆笔记》，发表于上海《小说时报》，汇编成《红冰阁杂记》28卷。其最为著名的是《梵天庐丛录》，为民国笔记中难得之作。此书积10年之功而成，共37卷，56万余字，1926年由中华书局据手稿影印出版，大受欢迎，10年间重版四次。内容为历代朝野遗闻，艺林佚事、典制考据等，而以近代者为多。其材料除录自前人撰述外，也有一部分是他自己的见闻。

柴小梵还是我国早期的红学研究者先驱之一，他为黄钵隐主编的《红楼梦丛钞》作序，撰述《红楼梦词》二篇。鉴于保国寺与《红楼梦》有不少情缘关系，笔者认为，柴小梵留下的《保国寺古迹八咏》，是保国寺诗作中最具玄机的。

除上述高僧、书画家、教育学者到访保国寺之外，民国时期最关心保国寺的当属宁波商帮人士，其中宁波总商会会长费绍冠（字冕卿）、"五金大王"叶澄衷等人还捐助了保国寺天王殿、观音阁等建筑的重修。甬上一些乡绅家族的代表人士也很崇仰保国寺千年古建奇迹的创造，其中蛟川书院任教的刘圩盦，所留的诗作风格别具，颇能领略保国寺的幽情和境界（注：刘圩盦，著有《延秋室诗稿》、《饮水侧帽词目谜》等）。

不见普公四色莲，缅怀风景想当年。
一泓池水涵空碧，鸟入澄渊鱼上天。（净土池）
亭外山花红叠锦，眼前云气白成堆。
开襟倨坐松风里，万壑涛声起薄雷。（叠锦亭）

【宁波保国寺大殿木构件含水率分布的初步研究】

王天龙 姜恩来 · 北京林业大学材料学院

李永法 · 宁波市保国寺古建筑博物馆

宁波保国寺位于宁波江北区洪塘镇北的灵山山腹中，占地 1.3 万平方米，建筑面积 0.6 万余平方米，1961 年 3 月被国务院列为第一批国家重点文物保护单位，现为国家 4A 级旅游景区。现存宁波保国寺大雄宝殿重建于北宋大中祥符六年（1013 年），距今已近千年，是长江以南最古老、保存最完整的木结构建筑，以其精湛绝伦的建筑工艺而令人叹为观止，主要的特点是全木结构，在前槽天花板上绝妙的安置了三个镂空藻井；复杂的斗拱结构；四段合作瓜棱柱，柱身有明显的侧脚；梁栿、阑额做成两肩卷刹的月梁形式等，堪称中国建筑文化奇葩，具有很高的历史、艺术和科学价值，科学的保护木结构古建已成为全社会广泛关注的焦点。但是，对于木结构古建筑中来说，在长期的使用过程中，木构件会产生开裂、变形、老化、腐朽、虫蛀等诸多方面的问题，究其原因，主要是与木构件的含水率及其不断的变化有着关系密切，迄今为止，有关这方面的研究尚处于空白。因此，探讨木结构古建筑木构件的含水率状况，对保护木结构古建具有重要的现实意义。本文主要针对宁波保国寺大殿木构件的含水率的分布状况进行了初步探讨，以期为保国寺大殿的保护提供可靠的数据支持[一~三]。

一 宁波保国寺的地理环境与气候特征

宁波市位于浙江省东北部的东海之滨，居全国大陆海岸线的中段，长江三角洲的东南隅，宁绍平原的东端。地理坐标，东经 120°55′ 至 122°16′，北纬 28°16′ 至 30°30′，属典型的亚热带季风气候。气温适中，四季分明，光照较多，雨量充沛，空气湿润。年平均降雨天数为 150.1 天，年平均降水量为 1297.2 毫米，降水量相对较多，年最大降水量为 1578.7 毫米，最小降水量为 797.3 毫米。年平均气温为 16.3℃，最高气温为 38.5℃，最低气温为零下 6.6℃，月平均最高温度出现在 7 月，大约为 27.8℃，月平均最低温度出现在 1 月，大约为 5.2℃。年平均相对湿

111

[一] 清华大学建筑学院、宁波保国寺文物保管所：《东来第一山——保国寺》[M]，文物出版社，2003 年 8 月版。

[二] 余如龙：《江南古建之瑰宝——宁波保国寺》[J]，《中国文化遗产》，2007 年第 6 期，第 58 ~ 66 页。

[三] 保国寺古建筑博物馆：《东方建筑遗产·2007 年卷》[M]，文物出版社，2007 年版。

度约为 79%，11 ～ 12 月平均相对湿度最小，平均值约为 60%，6 月份左右月平均相对湿度最大，平均值约为 89%；全年主导风向为东南偏东；其中夏季的主导风向以东南偏东为主，冬季的主导风向以西北为主[一]。

二 木材含水率的变化及测定方法

木材由细胞壁和细胞腔组成。木材含水率在纤维饱和点以下，水分仅存于细胞壁内。当木材所处环境的温度和相对湿度发生变化时，木材细胞壁中的水分含量也相应地变化。在一定的环境温度条件下，若环境空气的相对湿度较低，细胞壁中的水蒸气分压比空气中的大，则水分由木材向空气中蒸发，使得吸着水含量减少，使木材含水率降低。相反，当周围空气的相对湿度较高时，细胞壁中的水蒸气分压比空气中的小，则水蒸气从空气向细胞壁中渗透，即木材从空气中吸湿，使得吸着水含量增大，使木材含水率升高。木材含水率的不断变化，会产生开裂和变形，尤其是当木材长期处于较高含水率的条件下，还会产生腐朽和虫蛀等现象。因此，监测古建筑木构件含水率的变化状况，为制定古建筑的保护方案，提供准确的数据资料支持[二~九]。

本次含水率测定采用感应式木材含水率测定仪，测定原理为利用电磁波可测出被测木构件约 50 毫米深度的诱电率，并在瞬时内计算出其测定的中间值。其特点主要是可适用于生材到干燥材及各种木材制品，测定的范围为 0～100%；重量约 200 克，长约 160

毫米，适于现场使用，携带方便；只需将探头轻轻接触被测物体表面，不破坏物体表面，电磁波即可到达木材中部进行水分测定。

三 结果与讨论

1. 大殿木构件区域区间划分

为了便于分析保国寺大殿各个位置木构件的含水率的分布状况，根据保国寺大殿的结构特点，将木构件分为东侧、南侧、西侧、北侧、东南角、西南角、西北角、东北角、内部九个区域，具体分布区域（图1）。

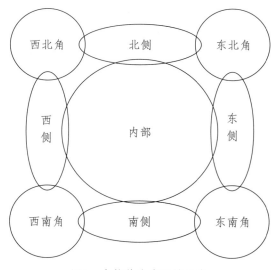

图1 木构件分布区域示意

2. 大殿木构件含水率的测定结果与分析

（1）大殿木构件含水率整体分布测定结果

在宁波地区的一年中，仅 11 至 12 月相对较短的时间段，气候相对比较干燥，空气相对湿度也较小，此阶段的木材平衡含水率也较低，仅为 12% 左右。根据理论分析和实践表明，当木材含水率在18%时，木材易出现老化、腐朽、虫蛀等诸多不利于木材的保护的问题。另外，本次对保国寺大殿木构件含水率的测定时间为2008年11月15日至22日,所测定的含水率也是四季中相对较低的，而宁波地区的年平衡含水率为16%左右，最高可达22%。因此，考虑到季节的变换对木构件含水率的影响，将含水率处于18%～15%之间的木构件视为潜在的易于发生材质变化的范围。为了便于分析和探讨木构件含水率对木构件的影响，本研究将木构件的含水率划分为大于18%、18%～15%和小于15%三个区间。

（2）大殿木构件含水率分析

由表1、图2和图3可知，测定含水率的木构件总数为214个，所有木构件的平均含水率为16.43%，含水率最高值为26%；含水率大于18%的木构件的数量为16个，所占比例为7.48%；含水率在18%～15%的为48个，比例为22.43%，两者合计为29.91%。含水率小于15%的木构件的数量为150个，所占的比例为70.09%。尽管含水率小于15%的木构件的比例为大多数，但含水率大于18%和可发展为大于18%的木构件所占的比例为29.91%，而且在木结构古建筑中，每一个木构件都需要严格的保护，因此，可以认为保国寺大殿木构件的含水率整体偏高。其主要原因可能是，一方面宁波为沿海地区，区内河流、湖泊众多，空气湿润，相对湿度较大，最高时可达100%，使大殿处于高湿的环境中；另一方面保国寺位于灵山山腰，地下有两条暗河，山间有泉水流过，更加剧了空气的相对湿度，因此，造成大殿木构件含水率整体偏高，对大殿的保护存在较大隐患。

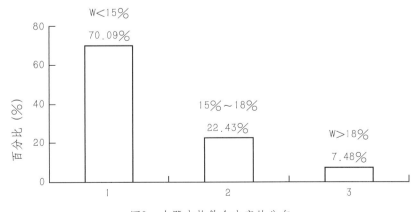

图2　大殿木构件含水率的分布

［一］保国寺古建筑博物馆：《东方建筑遗产·2007年卷》[M]，文物出版社，2007年版。

［二］顾炼百：《木材的平衡含水率及其应用》[J]，《林产工业》，2002年第29卷第4期，第43～46页。

［三］侯祝强，姜笑梅：《木材吸湿范围内含水率的调节方法》[J]，《木材工业》，2001年第15卷第3期，第25～26,30页。

［四］张金萍，章瑞：《考古木材降解评价的物理指标》[J]，《文物保护与考古科学》，2007年第19卷第2期，第34～37页。

［五］林松煜：《环境温湿度变化对古建筑保护的影响及对策》[J]，《山西建筑》，2005年第31卷第6期，第11～12页。

［六］林松煜：《温湿度变化对泉州古建筑保护的影响及其对策》[J]，《城建档案》，2005年第2期，第42～45页。

［七］宣兆龙：《封套封存环境温湿度变化规律试验研究》[J]，《装备环境工程》，2007年第2期，第36～39,65页。

［八］张济梅：《木结构的性能》[J].《山西建筑》，2007年第7期，第81～82页。

［九］朱俊艳：《论木材平衡含水率对家具结构设计的影响》[J].《家具与室内装饰》，2007年第9期，第48～50页。

表 1 保国寺大殿木构件含水率测定结果

试样区域	取样数	平均含水率/%	最高含水率/%	大于 18.00%		18%.00～15.00%		小于 15.00%	
				数量	比例/%	数量	比例/%	数量	比例/%
东侧	30	14.34	18.20	1	3.33	12	40.00	17	56.67
南侧	22	14.35	19.20	2	9.09	7	31.82	13	59.09
西侧	43	13.51	17.20	0	0	9	20.93	34	79.07
北侧	17	14.21	21.00	2	11.76	2	11.76	13	76.48
东南角	3	15.07	18.30	1	33.33	0	0	2	66.67
西南角	4	15.90	22.00	2	50.00	0	0	2	50.00
西北角	4	13.73	15.30	0	0	2	50.00	2	50.00
东北角	4	16.48	19.30	1	25.00	2	50.00	1	25.00
内部	87	14.09	26.00	7	8.05	14	16.09	66	75.86
总体	214	14.63	19.61	16	7.48	48	22.43	150	70.09

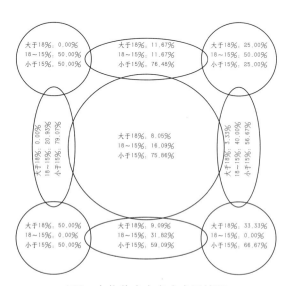

图3 木构件含水率分布区域图

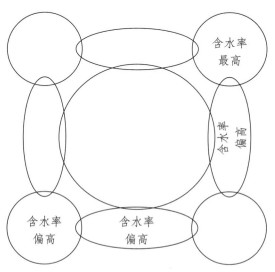

图5 含水率偏高分布区域图

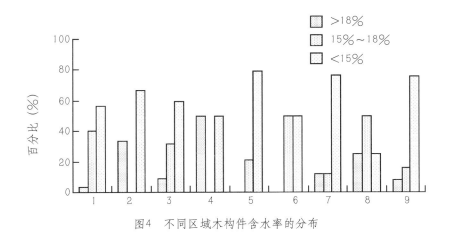

图4　不同区域木构件含水率的分布

（3）大殿木构件含水率区域分布与分析

图4为不同区域木构件含水率的分布。在图4中，1为东部区域；2为东南角部区域；3为南部区域；4为西南角部区域；5为西部区域；6为西北角部区域；7为北部区域；8为东北角部区域；9为内部区域。

由表1和图4可知，在大殿的东南角、西南角、西北角和东北角四个区域中，西南角和东北角两个区域的木构件含水率偏高，平均含水率、最高含水率分别为15.90%、22.00%和16.48%、19.30%，含水率大于15%的比例分别为50.00%和75.00%；东南角和西北角两个区域的木构件含水率相对偏高，平均含水率、最高含水率分别为15.07%、18.30%和13.73%和15.30%，含水率大于15%的比例分别为33.33%和50.00%。在大殿的东侧、南侧、西侧、北侧和内部五个区域，东侧和南侧两个区域的木构件含水率偏高，平均含水率、最高含水率分别为14.34%、18.20%和14.35%、19.20%，含水率大于15%的比例分别为43.33%和40.91%；而西侧、北侧和内部三个区域的木构件含水率也相对相对偏高，平均含水率、最高含水率分别为13.51%、17.20%，14.21%、21.00%和14.09%、26%，含水率大于15%的比例分别为20.93%、23.52%和24.14%。含水率偏高区域的具体分布见（图5）。

由此可以推断，在保国寺大殿的九个区域中，木构件含水率都偏高，尤其是西南角偏东和东北角偏南的两个区域。造成木构件含水率偏高的主要原因可能是，一方面宁波地区的相对湿度较大，使木材平衡含水率也相对较高，据资料和当地的气候条件，木材的平衡含水率在12%～22%范围内，年平均平衡含水率约为16%，6～7月的平衡含水率大于18%。另一方面保国寺地处灵山山腰，建筑群南北走向，北边山体陡峭，东南边为地势较低的平原，加之宁波地区的主导风向为东南，因此在大殿内的空气流动的方向为由东南向西北方向，从而使大殿内的东南角和西北角两个区域的木构件含水率相对偏低，西南角和东北角两个区域的空气形成涡流，流通不畅，则在此两个木构件含水率偏高。

四　结论与建议

在保国寺大殿木构件的含水率相对偏高，平均含水率为14.63%。在所划分的九个区域中，在西南角偏东和东北角偏南的两个区域，木构件的含水率更高，西南角偏东的区域，50%的木构件的含水率大于18%，东北角偏南的区域，25%的木构件的含水率大于18%，50%的木构件的含水率介于15%～18%之间。

在影响古建筑木构件存在状态的诸多不良因素中，木构件的含水率是较为关键的因素。保国寺大殿木构件的含水率测定中，木构件含水率最高的可达26%。降低大殿内环境的相对湿度，以降低木构件的含水率，已成为保护大殿古建筑亟待解决的严重问题。根据保国寺大殿木构件含水率分布的特点，建议将绝干空气引入西南角和东北角两个相对湿度较高的区域，降低其相对湿度，从而使木构件的平衡含水率降至相对较低的程度，是缓解或解决木构件含水率偏高和由此引发的诸多问题的有效手段之一。对木结构古建筑的保护来说，具有重要的现实意义。

【宁波地区地震活动性特征及对保国寺古建筑的影响探讨】

沈惠耀·宁波市保国寺古建筑博物馆

宁波地处中国东南沿海的长江三角洲经济区的南翼，是我国经济最发达、人口最密集的地区之一，也是全国防震减灾工作的战略重点区域之一。全国重点文物保护单位保国寺直线距离宁波市中心区约12公里。长期以来，当地历届政府都对文物保护十分重视，使宁波这座历史文化名城名副其实。

据浙江省地震目录记载[一]，该市历史上发生的最大地震是1523年8月14日镇海43/4级地震（直线距离保国寺约20公里），在以后的近400年时间里再也没有发生过Ms>4级的地震，属于历史地震活动性强度较弱、数量较少的地区。然而进入20世纪以后，该地区地震活动性明显增强，特别是20世纪90年代的地震活动水平达到了历史的高潮。通过对该地区地震构造及地震活动性特征的分析研究，将有助于对该市今后地震长期趋势变化的分析和判断，同时也对当地古建筑的长期保护提供参考依据。

[一] 浙江省地震局：《浙江省地震目录(288年～1998年)》，1999年版。

一 地震构造及地质概况

1．地质概况

宁波市位于我国海岸线的中段，浙江宁绍平原东端，即东经120°55'至122°16'，北纬28°51'至30°33'。东有舟山群岛，北濒杭州湾，西接绍兴市，南临三门湾，全市总面积936平方公里。下辖海曙、江东、江北、鄞州、镇海、北仑六区，奉化、慈溪、余姚三市和象山、宁海两县。

宁波境内主要山脉有四明山和天台山两支。四明山又名句余山，是天台山脉的支脉，横跨本市余姚、鄞州、奉化，并与嵊州、新昌、天台连接。天台山，它的主干山脉在天台县，宁波境内为其余脉，有四大分支从宁海县西北、西南入境，经象山港延至镇海、鄞州东部诸山。

宁波盆地为区内最大的平原，面积1070平方公里，为条带状，北东走向。东部边界为北北东向的温州—镇海断裂，西部边界为北东向盖层断裂。受第四系沉积，以下陷为主的间歇性升降运动形成，为断陷型盆地。保国

117

寺就位于盆地的北西翼边缓带丘陵山区的南麓,宁波地震台的西侧。

宁波有漫长的海岸线,港湾曲折,岛屿星罗棋布。全市海域总面积为9758平方公里,岸线总长为1562公里,其中陆岸线为788公里,岛屿岸线为774公里,占全省海岸线的三分之一。全市共有大小岛屿531个,面积524.07平方公里。宁波境内有两湾一港,即三门湾、杭州湾、象山港。

宁波沿海潮汐属不正规半日期潮型,一天有两个高潮和两个低潮,平均高潮为吴淞零点以上3.14米。

宁波是浙江省八大水系之一,河流有余姚江、奉化江、甬江。余姚江发源于上虞梁湖,奉化江发源于奉化市斑竹,余姚江、奉化江在市区"三江口"汇合成甬江,流向东北经招宝山入海。

2．地震构造

在漫长而复杂的地质历史中,宁波及周边地区经历了不同地质时期的构造运动,自下而上形成了:由古老基底、火山岩盖房和松散堆积物表层组成的地壳中上部,以及北东向、北北东向、北西向和东西向断层组成的断裂系统。进入宁波地区主要有四条区域断裂带,每条断裂带均由数条主干断层和平行的旁侧断层组成(图1)。

（1）宁波——庆元北东向大断裂 F1

该断裂南起福建,经浙江省鹤溪、仙居盆地、天台盆地,潜入宁波盆地、大楔平原,延伸至舟山群岛,长约215公里,宽5～15公里。

该断层控制了早、晚白垩世盆地和花岗岩体的分布,控制了第三纪基性岩浆喷溢,直接控制了宁波盆地的南东边界,在第四纪中更新世晚期有过活动。

（2）镇海——温州北北东向大断裂 F2

该断裂南起福建,经温州、临海、宁海、鄞州横溪潜入宁波盆地,在小港、镇海出露地表,向北延伸入海,长＞320公里,宽5～15公里,切割深度在温州约34公里、在临海约32公里。产状:走向25°,倾向北西居多,倾角陡,由数条20～30°左行斜裂逆冲走滑断层构成断裂主体。该断裂由镇海招宝山断层、小港断层、宝幢断层三组北北东走向断层组成,地貌上形成夹于宁波盆地与大契盆地两个凹陷间的北北东走向断块隆起,对宁波盆地与大契盆地的沉积具有很强的控制作用。沿断层发生过多次历史和近代地震。它与宁波——庆元北东向断裂交汇处发生过宁波历史上最大的地震,即镇海地震就发生在该两条断裂带的交汇处,为本区的最大断裂带。也是中国东南沿海漳州—宁海断裂的组成部分。该二条断裂带的交汇处直线距离保国寺仅20公里。

该断层控制了白垩纪宁溪盆地、宁海盆地、宁波盆地和西店、小将等花岗岩体;控制了第三纪基性岩浆活动;控制了深圳温泉和陡崖深谷地貌展布,沿断层发生过多次历史和近代地震。

（3）余姚——五乡北西向隐伏断层 F3

该断层西起余姚,沿姚江谷地向东延伸,经过宁波市老三区、邱隘、五乡,至象山港,长约80公里,主要由宁波—邱隘、洪塘—宝幢两条隐伏断层组成。

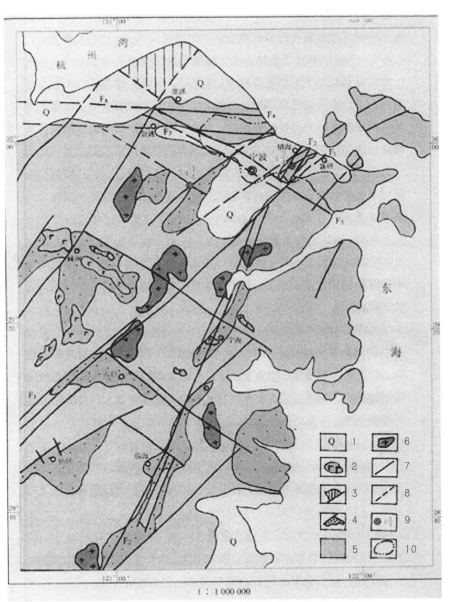

119

图1　宁波市城区及外围
　　　地质构造分布图

1.第四系
2.第三系嵊县组
3.第三系长河组
4.白垩纪盆地沉积
5.晚侏罗世火山岩
6.燕山晚期花岗岩
7.断裂及编号
8.推测断裂
9.震中位置及震级
10.宁波市城区界线

　　该断层控制了姚江谷地的展布和沉积，沿断层有第三纪安玄岩体侵入，后期安玄岩又遭破碎、蚀变，第四纪初有玄武岩喷溢，并控制谷地地貌单元，界线呈直线状。第四纪中更新世晚期断层有过活动，沿断层有低温地热异常和数次微震分布。断层附近的宁波孔浦39号井1980年7月21日～

1981年2月，先后7次喷溢27～65℃的地下热水[一]。该断裂直线距离保国寺仅5公里。

（4）昌化——普陀东西向断层F4

西起安徽省，经昌化、萧山、余姚北、镇海蟹浦，从宁波化工工业开发区、镇海炼化厂北侧入海，长＞200公里。产状：走向东西，倾向北居多，倾角70°，断层控制了慈溪平原第四纪沉积和地貌单元之界线，沿断层及其附近曾发生过ML4.0级地震，现今仍有小震活动。1977年11月5日慈溪Ms3.0级地震就发生在该断裂带上。该断裂直线距离保国寺仅10公里。

此外，宁波之西发育有两条区域性深大断裂：江山——绍兴北东向断裂，余姚——丽水北北东向断裂。

由上述可见，浙东北的宁波地区中上部地壳已被断层切割成断块，沿断层或断层交汇处往往下陷形成白垩纪断陷盆地或第四纪沉积盆地。有较厚的第三纪、第四纪沉积。继承性断陷盆地强烈下陷盆边断层处，往往易引发地震。

二 地震活动性特征

1. 历史地震回顾

据浙江省地震目录记载，自公元288年至1900年宁波市共发生Ms≥3.0地震27次，其中Ms≥4.0地震三次，没有5级及以上地震发生。在这1612年的历史时间里，平均每百年发生3级及以上地震约1.7次；4级及以上地震平均500多年才发生一次。可见历史上宁波市的地震活动性是强度较弱、数量较少的地区。

2. 20世纪主要地震活动

据浙江省地震目录记载，20世纪宁波市共发生ML1.0级及以上地震253次，其中1971年以前的历史地震记录2次，1971年以后有现代地震仪记录251次。这中间共发生Ms≥3.0级地震六次（其中Ms≥4.0地震2次），最大地震为41/2级，于1910年6月5日发生在奉化、嵊县间。在这六次3级及以上地震中，20世纪90年代就发生了三次，70年代发生一次，20年代两次。具体参数列于表1。

表1　20世纪宁波市主要地震活动基本参数表

序号	日期	北纬（度）	东经（度）	地点	震级 Ms
1	19100605	29.7	121.2	奉化、嵊县间	41/2
2	19160205	30.0	121.7	镇海	3
3	19771105	30.27	121.22	慈溪	3.0
4	19930226	29.83	121.27	鄞州	3.0
5	19930226	29.87	121.23	鄞州	3.3
6	19940907	29.82	121.25	鄞州	4.2

从表 1 中可以看出，20 世纪宁波市发生的 6 次 3 级及以上地震中，90 年代发生的三次都集中在鄞州区的同一地点，即章水镇皎口水库附近。

3．本世纪主要地震活动

据浙江省地震目录记载，本世纪初至今宁波市共发生 ML1.0 级及以上地震 20 次，最大地震为 2003 年 1 月 29 日发生在鄞州皎口水库附近，震级为 ML2.0。这些地震除一次发生在余姚市外，其他都发生在鄞州区。

三 对保国寺古建筑的影响

保国寺位于宁波市西北郊区的洪塘街道鞍山村（北纬 29.97º，东经 121.52º，海拔标高平均约 85 米）的半山腰上，东侧距离宁波地震台约 400 米，是第一批全国重点文物保护单位。数十年来做了大量的保护工作，使这座千年古建筑至今仍然保存完好。

1987 年，为搞清楚周边采石场对保国寺地面、建筑物振动的影响，委托浙江省地震局进行振动测试[二]。结果发现：从观测到的爆破最大振动量级来看，折算为爆破地震烈度约 II～III 度；而从宏观考察分析寺院所损坏的程度，相当于爆破地震烈度 V～VI 度，两者存在一定差异。依据建筑物实际破坏征状，认为地基基础是导致这种情况的主要原因之一。如藏经楼第 3 号柱子测点，经深入对比验证，在排除仪器问题的前提下，认为该点地下的地基基础，密实状态存在严重不均匀性，从而造成该部位的沉降情况也较严重。

鉴于上述存在的问题，虽然历史地震没有对保国寺造成破坏，但是将来如果本地区发生地震，对保国寺的破坏将有明显的放大作用。因此，为预防地震破坏，首先要解决古建筑群的地基坚固问题。

四 探讨

根据历史记载，宁波市是一个少震弱震地区。虽然 20 世纪的地震活动水平又达到了历史的高潮，但是因地震造成的直接破坏甚微，也没有人员伤亡。然而从地学的角度来看，这一千多年的历史记载，并不能说明什么，地球通过千万年的演化，各地区的地质构造千差万别，地震活动性规律有各自的特征。而且地震预报目前仍然是世界性的科学难题，历史上没有中

[一] 孙士宏，姚立询：《浙江省 2005 年前 Ms ≥ 5.0 级地震危险区预测图》，1993 年。

[二] 董长利：《宁波保国寺地面、建筑物振动观测报告》，1987 年。

121

强地震发生记载的地区，不等于以后也不会发生。如1976年唐山大地震前，该地区历史上就没有发生过大的破坏性地震的记载，是一个地震不设防城市（原来地震烈度6度或以下地区，不需要设防，现在规定都要设防。），结果发生了7.8级强烈地震。又如2005年11月26日在江西九江发生了5.7级地震，造成了重大人员伤亡和财产损失，该地区历史上也没有中强地震发生的记载。

联系到宁波市20世纪的地震活动情况，直接损失不大，然而间接损失远大于地震直接造成的损失。这是因为震区群众绝大多数未经历过地震，人们缺少地震基本常识，所以地震以后往往会引起恐慌所致。鉴于此，认为应该以预防为主，做好以下几点工作：

（1）进一步建立建全地震监测预报体系，及时为当地政府提供震情信息，为政府决策提供科学依据。

（2）普及防震减灾基本知识。普及防震减灾知识应从幼儿园开始抓起，建立若干个科普教育基地和科普示范学校，进行民众的防震知识教育，开展经常性的防震减灾应急演习等等。

（3）新建建筑物必须按有关规定进行抗震设防。据有关统计表明，地震中的死亡有95％以上是由于建筑物坍塌造成的。因此，建筑物的抗震性能决定了人员伤亡的多少，决定了居民被埋概率的高低。

（4）为保护好保国寺的古建筑，应该先从查清地基的不坚固入手，尽快设法加固。在建筑物修缮时考虑抗震设防要达到当地标准，或高于当地标准。

（5）地震对文物的保护是一个严峻的挑战。2008年5月12日四川汶川8.0级特大地震，造成了震区数十处全国重点文物保护单位被毁，损失十分巨大。因此，目前各地对文物保护单位、古建筑的保护任务非常艰巨，也非常紧迫。必须按当地的抗震设防标准进行加固，这样才能长久地保护好文物，为子孙后代留下一些宝贵的文化遗产。

总之，只有立足于"防"，才能当大地震发生时，把人员伤亡和财产损失（包括文物）降低到最小限度。

【保国寺大殿材质树种配置及分析】

符映红·宁波市保国寺古建筑博物馆

　　宁波保国寺是长江以南保存较为完整的木构建筑，现存大殿重建于北宋大中祥符六年（1013 年），具有很高的历史、艺术和科学价值。保国寺大殿能历经近千年，至今保存良好，与合理的选材是分不开的。今天，为了更好地保护文物，我们有必要了解大殿材质的树种种类、材质性能，并对树种配置作简单的分析。

　　2009 年保国寺古建筑博物馆委托中国林业科学院对大殿木构件材质状况勘查。在不破坏和不影响大殿结构和功能的前提条件下，采用多种方法，经切片、制片和光学显微镜观察，查阅大量的相关资料，样品经鉴定由八个树种构成，即：松木（硬木松）（Pinus sp.）、水松（Glyptostrobus pensilis）、云杉（Picea sp.）、杉木（Cunninghamia lanceolata）、龙脑香（Dipterocarpus sp）、锥木（Castanopsis sp）、黄桧（Chamaecyparis Gormosensis）、板栗（Castanea sp）。

一　树木种属、分布

　　松木，裸子植物，松柏门，松柏纲，松柏目，松科，松属，大乔木，高可达 25 米，胸径 2 米，分布在东北、西南、西北，内蒙古及黄河中下游。

　　水松，裸子植物，松柏门，松杉纲，松杉目，杉科，水松属，乔木，高可达 20 米，分布在我国南部和东南部各省、福建南部福州海拔 20 米及北部建瓯海拔 450 米以下。国家 I 级重点保护野生植物。

　　云杉，裸子植物，松柏门，松柏纲，松柏目，松科，云杉属，乔木，高可达 25 米，胸径 1～2 米，分布在东北、内蒙古、西南、西北及黄河中下游。

　　杉木，裸子植物，松柏门，松杉纲，松杉目，杉科，杉木属，常绿乔木，树高可达 30～40 米，胸径可达 2～3 米。分布在西南、长江中下游及南部沿海。

龙脑香，被子植物，双子叶植物纲，五桠果亚纲，龙脑香科，常绿大乔木，高可达40～50米，分布于我国云南及东南亚地区。

锥木，被子植物，双子叶植物纲，金缕梅亚纲，壳斗目，壳斗科，锥属，常绿乔木，高可达20米，分布于我国广东、广西、福建南部及海南岛、中南半岛，印度亦有分布。

黄桧[一]（红桧），裸子植物，松柏门，松杉纲，松柏目，柏科，圆柏属，大乔木，高达60米，胸径6米多。产于我国台湾中央山脉。

板栗，被子植物，双子叶植物纲，金缕梅亚纲，壳斗目，壳斗科，栗属，落叶乔木，高达20米，胸径达1米，分布于我国江苏、浙江、安徽、福建、湖南、甘肃、辽宁等地。

二 解剖特征

硬木松，管胞最大弦径72μm，平均45μm，平均长4680μm。木射线每毫米3～6根，单列射线宽9～16μm，射线高1～20细胞（32～500μm），多数3～12细胞（84～232μm），纺锤形射线尖削成单列部分高1～10细胞（24～290μm）。

水松，管胞最大弦径60μm，平均38μm，平均长4680μm。木射线每毫米4～7根，单列射线宽10～18μm，稀2列，射线高1～35细胞（28～7420μm）或以上，多数5～26细胞（122～270μm）。

云杉，管胞最大弦径50μm，平均35μm，平均长4655μm。木射线每毫米5～9根，射线宽9～15μm，单列射线高1～22细胞（36～420μm），多数5～15细胞（100～324μm），纺锤形射线尖削成单列部分高2～11细胞（38～250μm）。

杉木，管胞最大弦径50μm，平均37μm，平均长4410μm。木射线每毫米3～6根，通常为单列射线，单列射线宽12～18μm，稀两列（宽约23μm）射线高1～21细胞（30～348μm），多数5～13细胞（94～240μm）。

龙脑香，导管最大弦径226μm或以上，多数115～215μm，长平均626μm；木纤维壁厚，弦径20～25μm；木射线非叠生，每毫米3～7根，单列射线数少，宽12～34μm，高1～9细胞（89～374μm）。多列射线宽2～5细胞，稀6细胞（35～97μm），高5～50细胞（221～1530μm）或以上，多数10～35细胞（425～1190μm）。

锥木，导管最大弦径232μm或以上，多数185～215μm，长平均628μm；纤维胞壁厚，弦径15～25μm，平均长1150μm。木射线每毫米9～14根，通常宽1细胞（9～12μm），高1～32细胞（28～807μm）或以上，多数5～20细胞（115～440μm）。

黄桧，管胞最大弦径58μm或以上，平均47μm；木射线每毫米2～5根，通常单列，宽14～20μm，高1～22细胞（30～368μm）或以上，多数2～10细胞（45～168μm）。

板栗，导管最大弦径380μm或以上，多数215～295μm，长平均480μm；木纤维胞壁薄至厚，弦径15～25μm，平均长1060μm。木射线每毫米8～12根，通常单列，稀成对或 2 列，宽 13 ～ 18μm，高 1 ～ 25 细胞（25 ～ 490μm）或以上，多数 3 ～ 15 细胞（60 ～ 260μm）。

三 木材性能

硬木松，干燥较快，板材气干时会产生翘裂；有一定的天然耐腐性，防腐处理容易。

水松，干燥容易；耐腐性不详，抗蚁性中；切削容易，切面光滑；握钉力弱，不劈裂。

云杉，干燥容易，干后性状固定；不耐腐，防腐处理最困难；稍有翘裂趋势。云杉树干高大通直，节少，材质略轻柔，纹理直、均匀，结构细致，易加工，具有良好的共鸣性能。

杉木，是我国特有的速生商品材树种，生长快，材质好，木材纹理通直，结构均匀，不翘不裂，木材容重 0.39，每厘米年轮数平均 3.0，晚材率 22.0%，干缩系数（体积）0.386，顺纹抗压极限强度 358 千克 / 平方厘米，静曲极限强度 661 千克 / 平方厘米，端面强度 285 千克 / 平方厘米。材质轻韧，强度适中，质量系数高。具香味，材中含有"杉脑"，能抗虫耐腐，加工容易。

龙脑香，木材光泽弱，无特殊滋味，常有树脂气味；纹理通常直，结构略粗；略均匀。天然缺陷很少。木材重量中至略重，红褐色。木材含大量树胶，干燥时水分运行受阻，容易产生翘曲、开裂，因此干燥速度宜缓慢，木材纹理细致，坚硬耐用，耐湿力强。

锥木，干燥颇困难，速度缓慢，微裂；耐腐性强，胶粘容易；握钉力中至大。

黄桧在含水率 12% 时其比重值 444 公斤 / 立方米，材积收缩率超过 10%，平均荷重 257 公斤，静力弯曲强度 610 公斤 / 平方厘米，压缩强度 132 公斤 / 平方厘米，弦向剪断强度 108 公斤 / 平方厘米，径向剪断强度 87 公斤 / 平方厘米。心材呈淡黄褐色，有辣味，具芳香，具有较好的韧性恢复力，能承受突加的荷载，耐湿性抗蚁性较小，横切面常有小龟裂，易于干燥，干燥后木材尺寸稳定，不会有溃陷现象。黄桧的纵向纹理易于开裂，易于刨削加工，胶合涂装性良好。

板栗，木材致密坚硬、耐湿。板栗树材质坚硬，纹理通直，防腐耐湿，

[一] 黄桧与红桧主要的区别是叶子的形状不同，黄桧为刺形，而红桧为鳞形。

125

栗木非常坚固耐久,不容易被腐蚀,颜色发黑,有美丽的花纹。但由于栗树生长缓慢,大尺寸的栗木非常昂贵。

四 木构件树种配置及分析

保国寺大殿自落成至今已近千年,其间曾有过多次维修,清康熙二十三年又增加了三面外檐,去年取样 312 个,一个为腐朽材,无法鉴定出树种,实际 311 个。林科院已对这 311 个木构件的树种配置做了分析。本文主要对大殿当中面阔三间进深三间为宋祥符年间所建殿宇之遗存构件的树种配置及分析,从柱、梁、檩、枋及其他五类,样品总数为281 块,其中柱类 84 个,平梁、三椽栿等梁类构件 22 个,檩类构件 28 个,额、枋构件36 个,其他构件 111 个。

1. 柱类木构件的树种分布及分析

对十六根柱子及柱头枋上的蜀柱和藻井上方的方形短柱,取样 84 个,有杉木、硬木松、龙脑香、板栗和锥木 5 个品种,各树种的比例见图 1。

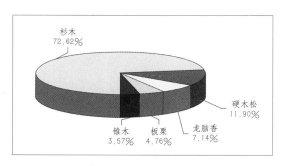

图1 大殿(宋朝遗存)柱类木构件的树种分布

从图 1 可以得知,大殿 16 根柱子所用

的材种主要是杉木、硬木松 2 种,所占的数量分别为 61、10 个样品,所占比例分别为72.62％、11.90％;龙脑香有 6 个样品,且均存在于独立木柱及主要用于承重的柱心部分,所占比例为 7.14％;其余 2 种比例则相对较小,板栗样品 4 个,所占比例为 4.76％;锥木样品数 3 个,所占比例为 3.57％。

2. 梁类木构件的树种分布及分析

平梁、乳栿、三椽栿、劄牵取样 22 个,含 3 个树种,分别是杉木、龙脑香、硬木松,各树种的比例见图 2。

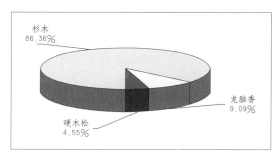

图2 大殿梁类木构件的树种分布

从图 2 可以得知,大殿平梁、乳栿、三椽栿、劄牵等梁类木构件所采用的主要树种为杉木,共有 19 个,所占比例为 86.36％,而龙脑香 2 个,所占比例为 9.09％,硬木松1 个,所占比例为 4.55％。

3. 檩类木构件的树种分布及分析

檩类共取样品 28 个,含 2 个树种,分别是杉木和水松,唯一的水松出现在其中,树种的比例见图 3。

从图 3 可知,檩木构件的主要树种是杉木,共 27 个,所占比例为 96.43％,水松 1 个,所占比例为 3.57％。

4．枋类木构件的树种分布及分析

额、枋木构件共取样 36 个，含杉木、硬木松、龙脑香三个树种，各种树的比例见图 4。

从图 4 可知，额、枋木构件的主要树种是杉木，共有 29 个，所占比例为 80.56％，硬木松有五个，所占比例为 13.89％，龙脑香有两个，所占比例为 5.56％。

5．其他木构件的树种分布及分析

此类构件品种繁多，主要包括昂、斗拱、及顺栿串，对于宋代建筑所特有的昂类构件已全部取样，斗拱数量巨大，未能采集到全部样品，所以采取随机取样的方式。主要是杉木，其次是硬木松，含板栗、黄桧、龙脑香和锥木六个树种，树种比例见图 5。

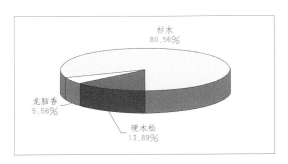

图4 枋类木构件的树种分布

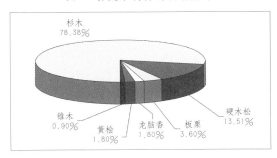

图5 其他木构件的树种分布

127

由于斗拱数量巨大，采用随机取样，所得数据并不代表全部树种，在此仅对取样样品分析，从图 5 可知，其他木构件的树种主要是杉木，有 87 个，所占比例为 78.38％，硬木松有 15 个，所占比例为 13.51％，板栗有四个，所占比例为 3.60％，龙脑香和黄桧各有两个，所占比例为 1.80％，锥木有一个，所占比例为 0.9％。

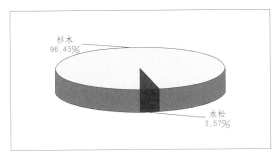

图3 檩类木构件的树种分布

参考文献：

《宁波保国寺大殿木结构材质状况勘查报告》。

「建筑美学」

肆

【甬上砖雕艺术与人物像之研究】

余如龙·宁波市保国寺古建筑博物馆

一 砖雕艺术博大精深

"砖雕"——据《辞海》记述为："用凿和木锤在砖上钻打出各种人物、花卉等图像，作为建筑物某一部位的装饰品"，"为中国民间雕刻工艺品之一"。

"砖雕"，分为"雕"、"塑"、"模"三种加工技艺。"雕"有线刻、浮雕、多层雕、圆雕等；"塑"即堆灰，亦称堆砖，指用蚌壳灰、石灰、砖灰和水拌和，堆塑上去；"模"则是用印模（范）使湿泥成型，或压出一定的图、字纹饰。砖雕的雕塑风格由于各种因素的差异，南北地域各有特色。北方砖雕构图朴实、刀法浑厚，较为简练。南方砖雕线条纤细、刻工精美，空间层次深远、立体感强烈，复杂程度可与绘画媲美。

砖雕艺术在我国历史悠久，源远流长。早在距今两千多年的东周时期，在出土的圆形与半圆形瓦当上，就已有端秀的文字和精美的纹饰，这标志着"印模砖雕"在当时已到了成熟阶段。东汉时期，"画像砖"广泛流行于殿宇、寺庙、墓塔等地方，内容多为生动的人物像与丰富多彩的装饰图案，"画像砖"亦称"花砖"，是砖雕艺术的滥觞，同时，在印模与浅浮雕的基础上，还出现了圆雕；唐、宋时期，砖雕已由"画像砖"发展至在高级建筑上广泛应用；明、清时期，砖雕进入鼎盛阶段，坯砖质地的讲究，雕塑技艺的完美，乡土化的风格与造型，都说明了砖雕已发展到了空前高度，光耀于世界工艺美术史（图1、图2）。

图1

图2

宁波人讲究营建庄重的祖居宅第，用材极其恢宏，进深步架密设，在雕刻装饰上极尽全能，雕刻不计工时，尤其是门楼、八字门墙及屏风墙等处的砖雕运用，别具地方风采。这种风气更促进了民间雕刻艺术的蓬勃发展。

宁波砖雕经历了漫长的演变发展，在历史悠久、文化灿烂、民风纯朴的环境中熏陶、成长。明代砖雕用线平刻较多，画面较单纯。后期逐步发展为用线简练、挺拔、粗放刚劲，以浮雕和浅圆雕为主，借助艺术造型，强调对称，富有装饰趣味。清代砖雕反映在建筑装饰上，以雕刻画面用工时多、高质量为佳，特别是大门两边及上方、镂窗、照壁、屋脊吻兽，琳琅满目，玲珑剔透，让你领略古代匠师的精湛技艺和创造才能。

二 宁波砖雕历史悠久

132

宁波，地处山海之间、杭州湾及甬江之口，物产丰富，交通便捷，是中国东南沿海的重要港口。宁波人的勤劳本性，加上大自然的慷慨厚赐，世代善于贸易、远航，向外发展，成为深入户间的传统思想，以至获得了"无宁不成埠"的美誉，经济因而昌盛，以此为基础，宁波文化发达、重于攻读，大儒辈出，历代中举率名列前茅，达官显宦比比。甬人深晓商、儒、官之间的关系，在一定条件下，将商品经济与缙绅经济巧妙地互相促进、转化，给本乡带来了大量财富。为了光宗耀祖、显赫门庭，绅衿、富商不惜巨资于故里大兴土木，寺庙雄丽、祠堂肃穆、宅第恢宏、园林深秀，藻饰豪华、雕刻精细，竭尽其能。"三雕"——木雕、石雕、砖雕大量运用，照墙、门楼、屏风等处便成为主人显示身份、工匠施展技艺的最佳部位（图3）。

图3

三　保国寺珍藏之十六幅砖雕

保国寺古建筑博物馆珍藏的 16 幅砖屏，源于嘉庆元年（1796 年）的大夫第古建筑，该建筑大厅两次间北墙配置仿木制格扇门形式的砖雕人文画屏 16 幅，每幅高 2.33 米，宽 0.51 米，总面积达 20 平方米，堪称大型砖雕，制作极为讲究，画面丰富多彩、不落俗套，具有新意，寓教化于艺术鉴赏之中，是该宅第主人与书画家、雕塑家共同协力的精心之作，是清朝盛世乾嘉时期的作品（图 4、图 5）。

该砖雕主要内容，以"君子之德，君子之才，君子之风"为总纲，人物画为形式，古贤德行、文学典故、名人轶事为依据，选定内心仔 16 幅画面内容典雅、高洁、清脱的砖雕图。"贤母教勤"，敬姜以德治家、教子以德治国，连同"圯桥授书"、"北海牧羊"、"君子慕莲"等幅属于"景德"范畴。"博士传经"、"神童特慧"、"竹林七贤"等幅则为"仰才"范畴。"写经换鹅"、"东篱采菊"、"冒雪寻梅"等幅系"慕风"范畴。整堂内心仔雕图高雅而不囿于"渔樵耕读"、"琴棋书话"之类，祥瑞而突破了"和合二仙"、"福禄寿三星"程式。以中华民族历史上典范人物史实为题材，尤为突出的是押末一幅"候涛题壁"，融乡土史地与海防思想于一屏，这在装饰性"三雕"图中及任何人物画轴中见所未见的。它热情地讴歌了前辈的贤与能，强烈地宣扬了爱家乡、爱祖国的思想，摒弃了庸俗的祈求吉庆与单纯的藻饰豪华，把砖雕画从世风旧习的束缚中解脱出来，提升到了寓教于乐的高度，将儒家的人生观与高超的砖雕工艺融合为一，这便是本砖雕不同凡响之处。

图 4

图 5

贤母教勤——"鲁有敬姜，能辨劳逸；子为大夫，不废纺织。"春秋时期，敬姜不因儿子身居高位，始终勤于纺织。敬姜认为整个国家自上而下人人都应勤于职守。勤则思，思则善心生，可以长久永安；逸则怠，怠则恶心生，大祸即将临头矣。敬姜昼夜勤劳，不敢懈怠，以身作则，垂范后辈，自己以德治家，教子以德治国。敬姜在我国历史上被誉为"母仪第一人"，至今仍不减其光辉。

圯桥授书——"一卷奇书受，勋成万户侯。曾将黄石订，漫与赤松游。"黄石公深知张良刚毅有余而谋略不足，教育他要忍小忿而就大谋，最后"孺子可教"授以奇书《太公兵法》，并嘱咐张良好好研读，辅助"王者"平天下。后张良成为刘邦的重要谋士，"运筹帷幄之中，决胜千里之外"，帮助汉高祖刘邦建立西汉政权，并拒受朝廷封赏，成为后世效力邦国、功成身退、不争个人名利的杰出楷模。

北海牧羊——"丁年奉使向穹庐，皓首完名返虎居；大窖无粮唯仗节，上林有雁可传书。"苏武于汉武帝时出使西域被扣留，匈奴统治者多方威胁利诱，并配以胡妻，劝其归降，但他意志坚定拒不投降，始终拿着汉朝的"使节"。冰天雪地，苏武苦忍十九年，历尽难中难，心如铁石坚，渴饮雪，饥吞毡，牧羊北海边（今贝加尔湖）。心存汉社稷，旄落犹未还。苏武忠贞不贰的情操，爱国主义的情怀，后世歌颂不绝，千古流芳，成为爱国之万代楷模。

君子慕莲——"周茂叔性爱莲，作《爱莲说》，以莲比君子。"莲出淤泥而不染，濯清涟而不妖，中通外直，不蔓不枝，清香远溢"，北宋周敦颐热情地赞颂莲花为君子，借物咏志抒情，对社会有极大教育意义。特别是在社会风气不正之时，警示君子们洁身自好，保持清正廉洁尤为重要。

博士传经——"老博士九十余。遭秦火壁藏书。帝王典谟天地久，石飞海生终不朽；济南道上存一叟。"秦始皇焚书坑儒，项羽又把秦宫官藏典籍付之一炬，公私图书尽毁无存。汉文帝礼聘幸存学者用记忆背诵办法来修缮典籍。九十多岁的伏胜竟把二十八篇《尚书》背诵出来而录存，后与孔壁藏书《尚书》相得印证。这则故事说明：有益于社会的典籍、文化，即使遭到一时的摧残，终究会流传下来并发扬光大。

神童特慧——"常敬忠年十五，一览万言惊宰辅。右赞神童图。"唐时，十五岁少年常敬忠一遍背诵千言（千言字的文章，读一遍就能背诵出），万言的文章读七遍即能一字不差的背诵出，见者莫不嗟叹其记忆力如此之强。这是因为他采取潜心深入地研究方式，逐字逐句充分理解，掌握整篇结构，铭刻在心，于是过目不忘。这正是天才出勤奋啊！

竹林七贤——"作赋笸管万个，寄怀潇洒一蔟；竹下嵇王并集，平分衫袖清风。"魏晋之际，嵇康、阮籍、刘伶等七人，因友善而常游于竹林，人称"竹林七贤"，是为清谈家的代表人物。这七人，都擅长文学、精于音乐，藐视传统的儒家烦琐礼法，主张自然。在当时社会骄奢淫逸风气弥漫之际，他们为表示超脱，常借酒醉故作放浪，举止颇多怪诞，以此保全自己身家。

写经换鹅——"笼得山阴道士鹅，白毛红掌向天歌。只因一册黄庭换，云费羲之墨已多。"东晋王羲之，字逸少，官至右军将军，大书法家。书法博采众长，推陈出新，一变汉魏质朴的书风，成为妍美流便的新体，为后世书法家所崇尚，史称"书圣"。羲之爱鹅，他兴意酣畅地写下的《黄庭经》法帖，成为了著名的书法传世名作。

东篱采菊——"解组归来不折腰，葛巾盘旋自逍遥。闲时倚仗门前望，不许春风折柳条。"陶渊明，又名潜，字元亮，世称"五柳先生"，东晋大文学家，曾任彭泽令，鉴于官场黑暗腐败，又不愿意卑躬屈膝迎奉上级（折腰），辞职归故里。他的诗歌多写自然景色，以《归去来辞》最著名。散文以《桃花源记》影响最大，文中描绘了没有压迫、和平生产、欢乐生活、美景如画的理想社会——世外桃源。"结庐在人境,而无车马喧"是因为"心远地自偏"。名句"采菊东篱下，悠然见南山"脍炙人口。典故"不为五斗米折腰"，即出自于陶渊明。他的不事权贵，为后世所赞誉。

冒雪寻梅——"谁貌风流诗叟形，步随六出索梅英，一支安放奚童背，已有春风到孟亭。"孟浩然，唐玄宗时著名诗人，与王维齐名，并称为"王孟"。《唐诗三百首》中共收有他的佳作十五首。学前儿童普遍会背诵的"春眠不觉晓，处处闻啼鸟。夜来风雨声，花落知多少"（《春晓》），即是他的代表作之一。其诗清淡，长于写景，多反映隐逸生活，每无意求工，而清超脱俗，正复出人意表。孟浩然常去东南各地游历，常冒雪以寻梅，说"吾诗思正在风雪中驴背上"。从此，踏雪寻梅成为文人雅士的惯例。

伯牙操琴——"汗漫归来理七弦，怡情海上学成连。知音独有钟期子，流水高山记昔年。"俞伯牙，相传生于春秋时期，善弹琴。钟子期，善于听琴，一日，遇俞伯牙，听出他当时所奏琴曲寓意高山流水。后世遂称知己朋友为"知音"或"高山流水"。这正是交友之贵在于相知。

商山四皓——"商山四皓图。"公元前三世纪末，秦皇暴虐，天下大乱。四位才智卓绝的老人入商山隐居，年皆八十余岁，有盛名，因须发俱白，时称"商山四皓"。"四皓"退居深山，高风亮节。

孤山放鹤——"林逋，字君复，钱塘人。少孤，刻志为学，喜吟诗，多奇句,不存稿。结庐西湖小孤山，种梅养鹤二十年,足不履城市。仁宗时卒，赐谥和靖先生。不娶无子。教兄子宥登进士。宥子大年为侍御史。"咏梅佳句"疏影提斜水清浅，暗香浮动月黄昏。"

东坡读砚——"苏东坡爱研"。北宋著名文学家苏东坡对书法、绘画、诗、词、散文无一不精。书法擅长行、楷，丰腴跌宕，在书法史上为"宋四家"。苏东坡癖爱砚台，其爱砚之癖成为文人研读的象征，被后世传为美谈。

倪迂洗桐——"孤桐百尺挹萧森，疏雨欹斜滴未成，盆水呼童镇日洗，青霜癖染景迁生。"元朝倪瓒性好洁而迂僻，人称其"倪迂"。居家时，庭中植有青桐，每日命童仆汲水洗刷桐树，务使不沾尘垢、洁净光鲜，其洁癖由自身而推及庭桐，成为传世韵事。

候涛题壁——"王安石宰鄞，尝书十字于候涛山仙人洞石壁，句云：六国连王处，平倭第一关。"融乡土史地与海防思想于一屏。明朝卢镗筑城防倭题壁之事，被移植到宋朝王安石头上，看似不尊重史实，实则反映了宁波人民对王安石的爱国爱民、勤政廉政的感恩戴德与深沉缅怀之情。

保国寺古建筑博物馆所藏的这16幅清朝嘉庆年间的人文画砖雕，画面内容丰富多彩，寓教化于艺术鉴赏之中，于当今仍有着深刻的现实教育意义。我们传承这些优秀的传统文化，让艺术永恒，让古代的璀璨文明千年不衰，万年不朽！

【五台山地区传统石作雕饰工艺与意匠研究】

陈捷·中央美术学院文化遗产学系

张昕·北京工业大学建筑系

世界文化遗产地五台山的匠作群体绵延已达千年之久，其中具有突出地方特色的石作在技术与艺术两方面均取得了极高的成就。仿木石结构建筑是青石[一]地区的技术特色，分布于石制建筑或建筑构件上的各类雕饰同样具有极高的艺术价值与科学价值。其工艺做法与历代文献记载联系密切，创作意匠亦具有突出的代表性。

一　雕饰类型

关于石作雕饰的分类，在宋《营造法式》石作制度·造作次序条中载有"其雕镌制度有四等：一曰剔地起突；二曰压地隐起华；三曰减地平钑；四曰素平"。梁思成先生对此的注释为："剔地起突"即今所谓浮雕；"压地隐起"也是浮雕，但浮雕题材不由石面突出，而在磨琢平整的石面上，将图案的地凿去，留出与石面平的部分加工雕饰；"减地平钑"是在石面上刻画线条图案花纹，并将花纹以外的石面浅浅铲去一层；"素平"是在石面上不做任何雕饰的处理。

考究法式内四等雕镌制度，会发现其中并没有现代"圆雕"的类型。但根据各类遗存看来，显然宋代存在大量类同圆雕的雕饰作品。考诸法式，在与石作相关部分，卷一六《石作工限》"总造作功"里提到："凡造作石段、名件等，除造覆盆及镌凿圜混若成形物之类外，其余皆先计平面及褊棱功"。卷二八"诸作等第"中提到"石作：镌刻混作、剔地起突及压地隐起华或平钑华。混作，谓螭头或钩栏之类。右为上等"。根据文中叙述与注释，可以看出实际上"圜混"或"混作"就是后世所谓的"圆雕"。关于这点，梁思成先生在《营造式注释》卷十二注释部分中也给出了同样的定义[二]。此外，梁先生还提到了"实雕"的概念[三]。潘谷西先生则给出了实雕的具体实例，并提出了"平钑"的概念[四]。下文中涉及宋代石作雕饰分类

[一]　青石地区是五台山传统石作基地之一，见张昕、陈捷：《五台山地区传统石作考析》[G]，保国寺古建筑博物馆，《东方建筑遗产》2009年卷，文物出版社，2009年版，第57～70页。

[二]　《营造法式》卷一二雕作制度·混作条："雕混作之制有八品……以上并施之于钩栏柱头之上或牌带四周……凡混作雕饰成形之物，令四周皆备，其人物及凤凰之类，或立或坐，并于仰覆莲华或覆瓣莲华坐上用之。"梁思成的注释为：雕作中的混作，按本篇末尾所说，是雕饰成形之物，令四周皆备。从这样的定义来说，就是今天我们所称"圆雕"。见梁思成：《梁思成全集》第七卷[M]，中国建筑工业出版社，2001年版，第248页，注释2。

[三]　《营造法式》卷一二雕作制度"剔地洼叶华"条："若就地随刃雕压出华纹者，谓之实雕。"梁思成对此的注释为：实雕的具体做法……就是就构件的轮廓形状，不压四周的地，以浮雕花纹加工装饰的做法。见梁思成：《梁思成全集》第七卷，第249页，注释14。

[四]　至于"平钑"这个名称，是笔者从"减地平钑"移用过来的，两者区别仅在于去不去地。见潘谷西、何建中：《〈营造法式〉解读》[M]，东南大学出版社，2005年版，第15页。

时即以两位前辈的研究成果为准。

清《工程做法》及相关匠作则例中对于雕饰种类没有明确的划分，只针对具体构件给出做法与用工，如："剔刺龙鳞、撕鬃发凤毛、做管子、起叠落彩云、出细。折见方尺。每尺用石匠三工半"[一]及"分凿渠花、剔采鼓钉、圭角出线兽面扁剔唇齿环带细撕毛发作细。每折见方一尺，用石匠二工"[二]等。但在北京民间工匠中，则有具体雕饰的分类方法。他们将石雕种类分为："平活"、"凿活"、"透活"和"圆身"四大类[三]。平活即平雕，包括阳活与阴活两种，阳活为"地儿"略低，"活儿"略突起但表面无凸凹。阴活就是用凹线表达花纹图案。凿活即浮雕，是阳活的一种。可细分为"掀阳"、"浅活"、"深活"三种。掀阳与平活中的阳活类似，只是"活儿"可以略有凸凹。浅活即浅浮雕，深活即高浮雕。

透活即透雕，就是在凿活的基础上进一步作出空透效果，整体仍属于凿活的范畴。圆身即圆雕，雕成作品可以做三维的观赏。

青石地区的石作雕饰由于品种相对较少，因而分类比较简单。总体而言，平面雕饰分为"起台"与"不起台"两大类。所谓起台，就是指雕饰的花纹要高于底面，形同石面升起一层石台，类同于现在的浮雕。起台按石面凸起的高度来区分，一寸以内一般称为"小起台"，一寸以上则称为"深起台"。二者可基本对应浅浮雕与高浮雕。"透雕"没有与浮雕明确区分，只是有所谓"玲珑剔透"的说法。当需要在浮雕上做出较多的透雕细节时，掌尺匠[四]就会告知施工者此处须"做得玲珑剔透一点"。圆雕在青石地区种类较少，这也与前述青石地区的技术特长关系密切。因为常见的圆雕就是石狮，所以石狮往往就成了圆雕的代名词。

不起台的雕饰一般称为"蜡皮雕"，也有类似"阳活"和"阴活"的分类，都是在平整的石面上刻画。二者的区别主要在于底子处理与否。为叙述方便，暂称之为阳活蜡皮雕和阴活蜡皮雕（表1）。

138

图1　青石民居迎风蜡皮雕

表 1　历代雕饰工艺对照表

宋《营造法式》分类	北京民间分类		青石地区分类			现代雕饰分类
混作	圆身		雕狮子			圆雕
剔地起突	透活		玲珑剔透		起台	透雕
	凿活	深活	深起台			浮雕
		浅活	小起台			
压地隐起华		掀阳				
减地平钑	平活	阳活	蜡皮雕	阳活	不起台	平雕
实雕						
平钑		阴活		阴活		

表 2　蜡皮雕与减地平　工序对照表

青石阳活蜡皮雕工序	平整抛光	墨染	烫蜡	图案放样	雕凿
《营造法式》减地平工序	磨砻	布墨	布蜡	描华文	钑造

二　蜡皮雕与减地平

石作雕饰与方料制作区别很大，带有强烈的个人色彩。虽然其具体工序往往因人而异，但是总体而言仍有迹可循。青石地区最简单的雕饰种类为蜡皮雕。通过工匠访谈可知，其基本的做法为"蜡皮雕不起台。就是把这个面磨得光光滑滑的以后，上上黑（墨），再上上一层蜡。最后画出以后把它雕出来，把底子一杀，就是搓的一层皮么。碑边上的花纹，那就是蜡皮雕"。

由以上叙述可知，匠师所述的蜡皮雕实质为阳活蜡皮雕，其基本工序是平整抛光－墨染－烫蜡－图案放样－雕凿去地。这与《营造法式》卷三石作制度·造作次序中描述的"如减地平钑，磨砻毕，先用墨蜡，后描华文钑造"可以说完全一致。因此，基本可以认定阳活蜡皮雕就相当于宋代的减地平钑（表2）。此外，青石地区虽有类似前述"平钑"的阴活蜡皮雕，但并不多见，往往与阳活蜡皮雕混合出现（图1）。

三　墨染烫蜡工艺

《营造法式》卷一六石作工限·总造作工载："面上布墨蜡，每广一尺，

[一]　圆明园内工石作现行则例·旱白玉青白石条，见王世襄主编：《清代匠作则例》第1卷[M]，大象出版社，2000年版，第114页。

[二]　《工部工程做法》卷六六，石作用工·滚磴门枕条。

[三]　刘大可：《中国古建筑瓦石营法》[M]，中国建筑工业出版社，1993年版，第272页。

[四]　五台山地区石作施工中的核心人物，主要负责结构设计与尺寸计算。

长二丈。安砌在内。减地平钑者，先布墨蜡而后雕镌；其剔地起突及压地隐起华者，並雕镌毕方布蜡；或亦用墨"。卷二六诸作料例·石作载："蜡面，每长一丈，广一尺：黄蜡五钱；木炭三斤；细墨五钱"。

清《圆明园内工石作现行则例》叁色石地面则例·青白石条载："烫蜡，每尺用黄蜡一两二钱，黑炭十二两。每九尺用白布一尺，每八尺用烫蜡匠一工"。另《圆明园万寿山木雕、栏杆、石料、苇子墙等用工则例》内"圆明园南进大理石用工则例"所载同上。

从历史文献记载可以看出，宋代石作广泛采用了烫蜡工艺。烫蜡一般可分为两种，即纯烫蜡和墨染烫蜡。其中减地平钑采用墨染烫蜡工艺，其余则可任选其一。这种做法一方面可以通过表面渗蜡来增加石料的光洁度与耐久性，另一方面墨染所形成的黑白对比也会产生一种别致的艺术效果。清代文献对于墨染没有提及，烫蜡也主要局限在地面铺砌石材而非雕饰。对于青石地区而言，其石作雕饰的烫蜡工艺主要用于蜡皮雕，工序介于宋清做法之间，与宋代做法更加接近。通过访谈得知，早年青石地区的墨染烫蜡工艺如下：

首先是墨染。此处的"墨"并非书法所用墨锭或墨汁，而是炭粉，也就是乡民所说的锅底灰或煤灰。一般工匠只需在自家锅底灶台中顺手刮来即可使用，非常方便。施工时一般将炭粉撒于石面之上，用稻草等反复用力推拉擦抹，直到炭粉渗入石面，呈通体漆黑为止。为省工时，有时则可将炭粉加水调成土制墨汁，于石面涂刷，但其耐久程度

明显不如直接擦抹。

墨染完毕便开始烫蜡。烫蜡时讲究的做法首先要将石料下部架空，在其下点火烘烤，清代《则例》中提到的黑炭即有类似用途。待石料加热到足以融化黄蜡时，便开始烫蜡。此时将黄蜡置于石面之上，用烧红的烙铁将蜡块四处推送，使蜡液充分渗透到石面之中。为求省工省料，匠人有时也免去石料加热的工序，直接用烧红的烙铁烫蜡，但这样做的问题同样是耐久性不够理想。

烫蜡完成后，撤去热源，让石料自然冷却。用削成刀状的竹片将石材表面的黄蜡全部刮去，只留很薄的一层。随后开始抛光工序。这是一项相当费时费力的工作。抛光的工具清代皇家工程采用的是白布，即《则例》中提到的"每九尺用白布一尺"。青石地区的民间匠作当然不可能如此奢侈，工匠采用的工具是经过清洁的废旧布鞋鞋底。此种鞋底也由棉布衲成，非常结实耐磨。匠人用鞋底反复打磨石面，直到石面黑里透亮、光可鉴人为止。按传统做法完成的墨染烫蜡石面，可保持黑亮效果十余年不变。现今由于诸多因素的影响，墨染烫蜡工序已简化为直接用黑色油漆涂刷，但此种做法的耐久性很差，一、两年之后就会起皮剥落。

此外，除作为雕饰前期工作的墨染烫蜡外，青石匠师在制作小件雕饰时也会在作品完成后整体烫蜡抛光，其美化作用非常明显。

四 图案放样

墨染烫蜡工序完成后，即可开始雕饰前

的图案放样工作。在北京的地方做法中，平活图案放样分为两种。简单的可以直接描绘在石料表面，较复杂的则需采用类似彩画"起谱子"的做法，绘制1：1的图样谱子，经过扎谱子、拍谱子、过谱子等工序完成放样，然后还有一道名为"穿"的工序，就是用錾子沿拍好的谱子线浅凿一次来最终固定图样轮廓。

　　青石地区的做法远比官式做法简单。一般情况下，图样均由掌尺匠绘制。除少数小件石雕外，图样很少有1：1的情况，通常为1：3左右。图样绘成后，原大的可以用复写纸转拓到石面上，缩比的则采用简便的九宫格或米字格来放样（图2）。放样时，工匠一般不会一次性的将图样全部描绘

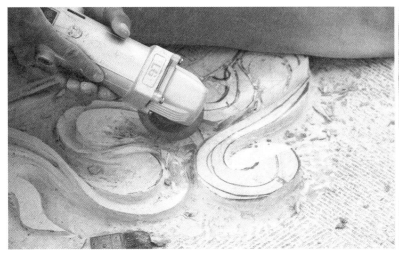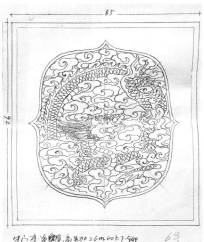

图2　手绘图样与加工方法

到石面上，而是随雕饰过程分次描绘。较有经验的掌尺匠为求作品生动活泼，往往会要求工匠只在石面上描出主体轮廓，细部纹样则无需过多，可以自由发挥。工匠转拓图样的工具非常简单，就是利用墨斗里附带的竹扦，蘸取墨汁随手勾画，比官式做法自由了很多。

五　雕饰技法

　　如前所述，雕饰在青石地区主要指的是起台。就技法本身而言，个性化相对较强。然而雕饰技法毕竟是一种客观存在，多少仍有踪迹可循。总体看来，最核心的就是匠师的立体结构构思能力，此外就是细部的处理能力。

所谓立体结构构思能力，可以分为两个层次。首先是要求匠师具有立体转换能力，即能把平面设计图转化为立体造型，同时更要能灵活的区分出不同的层次。此时起台的高度并不是关键所在，最关键的还是不同图案的层次关系处理，这也是作为一个合格雕饰匠师的基本素质。高水平的匠师则自由很多，其立体构思能力相当强，已不需要刻板的依图施工，往往随做随画，边凿边改，成为真正的艺术创作。

在具备立体想像力，能够处理起台雕饰后，对于立体结构构思能力的要求就上升到圆雕的层次。在青石地区，即以所谓"雕石狮"代指。创作圆雕的技法更倾向于个人化，主要步骤一般是在荒料上先进行简单的勾画，画出所雕内容的大致轮廓。如果是方料，则各面一般都要画出基本形状，方可下刀。其后，通过打荒找出进一步的轮廓。此时，高水平的匠师多不会再于原料上做草图的勾画工作，

而是随形就势、自由发挥（图3）。

在雕饰中，花鸟走兽一类的图案相对简单，最关键也最难掌握的是人物。对此，青石匠师通常不似河北匠师擅长。如河北匠师所造龙泉寺普济禅师塔内，有以普济为原型的弥勒造像。对比普济遗照，可谓惟妙惟肖（图4）。

中国传统绘画中的人物比例多为"立七坐五盘三半"。雕饰中的人物比例虽与之类似，但实际施工中匠师往往会在此范围内略作夸张，向矮小发展。按匠师的说法就是："像现在按西方的那种雕塑雕出来以后，不好看"。普通匠师在雕饰人物时，往往自上而下依次完成，雕完衣服再雕手脚。然而衣服固定后，手无论偏高还是偏低都会使衣纹显得不很合适，想要弥补也很困难。因此，优秀匠师在雕饰人物时，是先雕五官、手脚这些暴露部分，其后再雕刻衣纹。由于衣物并非重点所在，在确定手脚后，衣服的厚薄即可随心所欲进行刻画。这一重要技巧如果掌握不好，往往会误工且难以得到理想的效果。在雕饰中，除立体构思的能力之外，细节处理的能力也至关重要，具体参见下文。

六　创作意匠

虽然青石匠师自称其石作工艺偏重于"架道"[一]而非"雕刻"，但当地的雕饰水平其实也相当精湛，仅立体化的圆雕作品略少而已。在雕饰的创作过程中，素材的选择能力、细节的取舍能力以及场景感的塑造能力不仅是决定作品成败的关键所在，而且

图3　石狮粗胚与成品

142

是匠师艺术创造力的直接体现。

（一）细节取舍与场景感塑造

细节的取舍在石雕中是一项很重要的创作技巧。中国传统绘画往往重在传神而非象形，最妙就在似与不似之间。石雕造型基本遵循了上述原则，但相对绘画仍有明显的区别。据当地石作名师武秋月讲述，早年参与迎泽公园七孔桥的建造时，就领会到绘画与雕饰的表现手法大相径庭。作为一种立体艺术，雕饰不能按

图4　河北匠师人物作品实例

照绘画方式来表达，而必须照顾到石雕的特点，即有所取舍。比如自然界的柳树都由树干、树枝和树叶三部分组成。这三部分内容在多数绘画作品中均有表达，而石雕则省略繁复的枝条，仅以下垂的几片柳叶来表达整个树冠。柳叶本身也是密集而成片分布的，与绘画中单片枝叶的描绘差异显著。如此取舍在于纤细的柳梢和独立的柳叶在青石上难以雕成，因此必须在保留垂柳基本特征的前提下进行艺术夸张。这样既增加了实际操作的可能性，又使人易于识别（图5左）。

一件好的石雕作品，除在细节上予以适当取舍、突出造型的识别特征外，还要突出场景感，这样才能生动传神。这种场景感较之细节取舍又高了一层，更能体现匠师的创作水平。如武秋月一件名为"卧牛"的作品表现的是一个小童趴在牛背上休息，人与牛都睡眼惺忪。小童趴在牛背上的半边脸蛋很自然的鼓起，显得十分生动。因此，只有平时细心观察，才能创作出这样以场景感见长的作品。

武秋月早年的一对石雕狮子也具有类似的特点。其创作构思如下："这个狮子吧，你细看它好像有了思想了。你看这个小狮子，它从这儿扒起来了，一个脚蹬到它（母狮）的尾巴上，尾巴一蹬就往下滑，这儿一滑，它这儿就好像是有些害怕，怕往下掉嘞。你看这条腿吧，它好像是蹬住了，很用力的，好不容易爬起来"。此作品捕捉再现了小狮奋力上爬的瞬间，通过狮子四肢的动作和紧张程度，表达出一种动态，同时具有突出的场景感（图5中）。

143

[一]　架道指的就是建筑结构。青石地区石作最突出的特色即为仿木结构的石牌楼，故而匠师多以能雕成结构复杂的石制牌楼为傲，亦引为最大优势。

（二）取材方法

创作雕饰作品往往需要有所参照。一般工匠多据图册、粉本、手稿而为之。出色的匠师除采用上述途径外，往往会自行取材。具体取材对象因雕饰品种而异，其中以人物雕饰取材最难，往往需要通过观察真人的外貌和体态特征，再加以艺术加工，因而也就最能体现功力。武秋月早年雕有一尊观音像，其取材经历就非常具有代表性（图5右）。

"我们那儿有个电磨房，有个女的，叫桂英。人生得挺好看的，眉眼挺好的。我雕不下去的时候，跑出去就看看她……见了人，我也不多说话，站在那儿说有什么事啦，实际上捎带的看看，返回来就刻。我当时不画，全在脑子里。村里边毕竟没有什么好资料，就参考这些。一般观音吧，她鼻子应该从印堂这儿就下来，我是从人的形象来的，她就近了人了。像过去的有些名匠人吧，参考其他人，还有一部分是参考自己嘞。参考自己

好参考呀。我家的一个伯伯，人生的个不高，又粗。他刻出来的人物就是他这股劲儿，他就认为他是很标准的。字如其人，雕刻更如其人。看他雕刻下的东西，你就能看到他这个人。"

通过以上叙述可以清楚地看到当地匠师的取材方法与思路。就取材思路而言，仍遵循了传统绘画中以传神为首的原则，同时世俗化倾向亦很明显。雕像的体态衣着，包括衣纹的动态表达等相对次要的部分均为匠师根据预设主题自行构思解决。但涉及到关键性的面部特征时则须有所参照，而且多以个人所熟悉的人物乃至自身为参考。就方法而言，可以归结为：记忆积累加重点更新。

综上所述，可以看到五台山地区的雕饰技艺具有很强的个人化特征。技艺核心是匠师的立体结构构思能力与细部的处理能力，创作意匠则重点在于细节取舍、场景感塑造及取材能力。

图5　石雕创作意匠

「佛教建筑」

伍

【南宋禅的东传与日本禅寺源流】

张十庆 · 东南大学建筑研究所

历史上，中国文化对日本的影响主要有两次高潮。一是唐文化对日本古代（奈良、平安时代）文化的影响；一是宋元文化对日本中世（镰仓、室町时代）文化的影响，且佛教文化的传播和影响，历来是中日文化交流的主线。继隋唐时期中国文化对日本的影响之后，以佛教禅宗为代表的宋元文化再度涌入日本，极大地影响了日本中世的佛教及其寺院。在此背景下，宋元江南禅寺建筑亦随之传入日本。

自13世纪初起，日本逐步移仿中土江南禅寺，建立起日本的禅宗寺院，由渡宋巡礼日僧所作五山十刹图，正是上述背景的写照和产物。在日本禅寺发展过程上，全面移植了宋土禅寺制度，仿南宋丛林建置，创设日本五山十刹制度，日本禅寺的发展由此趋于成熟和鼎盛，并成为日本中世文化繁盛的象征。

移植摹仿南宋禅寺的海东日本，其丛林寺院较多和较完整地保存了宋风作法，这对于我们认识南宋禅寺是十分重要的参照。

一 禅的东传与日本禅寺渊源

（一） 南宋禅的东传

正如中国佛教来自于西域，日本的佛教则源于中国。公元六世纪，中国佛教即通过朝鲜半岛传入日本，自此以后，佛教成为联系中日文化的最重要的纽带。历史上，中国佛教在不同时期，几次深刻地影响了日本，对日本文化的发展及其特色的形成，具有不可低估的作用。一部中日文化关系史，几是一部中国佛教向日本的传播史。其中尤以中国佛教禅宗的东传最为重要，影响深远而广泛。日本学者指出："日本历史上文化的盛衰，常与这一时期和外国的交通盛衰有密切的联系，与中国交通频繁时，文化也发达，交往中断，文化的发展也中断"（《日本文化史·序说》）。正是宋元禅的东传，使日本中世文化再趋兴盛。

147

隋唐以来，中国建筑对日本建筑的影响，随着中国王朝的更替，如起伏的波浪，宋元是继隋唐之后的又一高峰。中国佛教发展至南宋，唯禅宗独树一帜，达炽盛烂熟时期。而日本从平安时代（781～1183 年）后期到中世的镰仓时代（1184～1332 年），其政治发生了重大的转折，即从贵族政治转向武家政权。在佛教上，新兴的武士阶层亦希望在传统佛教（密教）之外，寻求适合自己需要的新宗派。在这样的背景下，中国禅宗成为日本中世武士所追求的目标。尽管波涛万里险阻重重，然日僧入宋求法者络绎不绝，南宋禅由此传入日本，时值日本中世镰仓时代。日本佛教随之产生巨变，以新兴禅宗为代表的新佛教风靡日本，并成为日本中世以后佛教诸宗中，最重要的一个宗派。

实际上早在镰仓时代以前，日本僧侣就已经开始接触到中国的禅宗[一]，然禅宗在日本的正式登场是在镰仓时代以后。镰仓时代初期日僧陆续渡宋修习禅宗，并回国传播弘扬。如荣西、俊芿、道元及圆尔等，都是日本传播南宋禅的先驱。而这一时期日本的禅宗，仍势单力薄，且无独立道场，或依附于其他传统宗派寺院，或采取兼修的形式。这是日本禅宗发展的初期阶段，表现为兼修禅的形式。

日本中世的禅宗，在源流上是宋元禅的延伸和移植，与宋元禅林一脉相承。南宋禅林以临济禅为主流，尤以门下的杨岐派独盛。日本禅林法系的传承亦集中于临济宗的杨岐派上，临济杨岐禅成为日本禅宗的主流。除临济宗以外，曹洞宗亦传入日本。入宋日僧荣西与道元作为传播弘扬临济和曹洞禅的先行者，被尊为日本临济宗与曹洞宗的开山，日本禅宗由此形成临济与曹洞这两大宗。

中世由入宋、入元日本僧及渡日中国僧传入日本的禅宗所形成的流派众多，有所谓二十四流之称。其指的是从日本建久二年（1191 年）荣西传临济宗于日本，至正平六年（1351 年）元僧东陵永玙渡日为止的 160 年间，从中国传至日本的禅宗流派。其中曹洞宗三流，临济宗二十一流。临济宗二十一流中，除荣西传的是黄龙派之外，其余二十流均是杨岐派之传承。在宋元禅的传播过程中，五山大寺对日本禅林的影响尤大，如五山之首的径山，门庭兴旺，海东子孙亦众。据统计，日本二十四禅流中，承南宋禅林巨匠径山无准师范法嗣的，即占三分之一[二]。日本中世禅林的源流谱系及其构成，也正反映的是当时宋元禅林的状况以及中日禅宗文化交流的背景。比照由渡宋日僧所作五山十刹图内容中，亦以径山寺最多，其中关联及日僧取舍心态，显而易见。

（二）日本禅寺渊源

1. 渡宋日僧与初期兼修禅寺

禅寺在日本最初是以寄居兼修的形式出现的，在性质上尚只是一过渡性的非独立式禅院形式。这一时期渡宋学禅的日本僧侣，也大多是天台宗等旧教徒，归国后弘扬禅法，又多是依附于传统宗派寺院，且备受阻挠和反对。即使是由这些僧侣所营建的新寺，也都并非专门的禅寺，而是同时兼修天台、真言、戒律等宗的道场，有的甚至被规定为天台宗寺院管辖下的"末寺"[三]。总之，这一时期日本禅院受到传统教派的制约，远未取得完全独立的地位，但南宋禅寺的影响已日益显著了起来，并由此迈开了日本中世移植宋风禅院的第一步。其代表者有入宋僧荣西创建之建仁寺（1202 年）、入宋僧俊芿所建之泉涌寺（1219 年）以及入宋僧圆尔所建之东福寺（1236 年）等。这些日本早期禅院都致力于对南宋禅寺的完全移植和忠实模仿，“遍历临安诸刹，谙熟仪法”[四]之圆尔，极力传播、普及宋地丛林禅规仪法；而在宋 13 年的日僧俊芿归国后所建泉涌寺，更是追求寺之规制与宋无异，声称“大唐诸寺并皆如此”（《泉涌寺殿堂房寮色目》），并以“亲模大宋仪则唯此一寺而已”（《泉涌寺不可弃法师传》）而享誉禅林。尽管泉涌寺并非纯粹的禅寺，但其追求的仍是宋风，所依之范本正是南宋禅寺。在对南宋禅寺形制的输入和移植上，泉涌寺具有开创意义。

镰仓时代前期，由先驱入宋的日僧荣西、圆尔等传入和建立了初期宋风禅寺，而纯宋风禅寺的真正兴起，是在镰仓中期宋僧的赴日以后。

2．东渡中国僧与纯宋风禅寺

日本纯正宋风禅寺的确立，始于镰仓中期以后的宋僧渡日，正是这些宋僧将南宋禅寺的一整套丛林规制移植于日本，由此，纯宋风禅寺在日本得以广泛的传播和迅速的发展。1246 年南宋禅僧兰溪道隆渡日，并于 1253 年建立了日本第一个纯正宋风的禅宗专门道场——镰仓建长寺，这标志着日本禅寺的发展进入了一个新阶段。《建长兴国禅寺碑文》记曰：“十一月初八日，开基草创为始，作大伽蓝，拟中国之天下径山，为五山之首，山以乡名，寺以年号，请师（兰溪）为开山第一祖”。兰溪住持建长寺十年，举扬纯宋风禅，在日本禅寺发展史上，建长寺为一里程碑。宋僧兰溪东渡，使日本镰仓禅风一变。继兰溪之后，不断有宋元禅僧东渡，重要的如 1260 年及 1269 年赴日的宋僧兀庵普宁和大休正念，相继成为建长寺第二、三世住持，进一步推动了宋风禅寺在日本的传播和普及。建长寺之后，宋风作法日趋兴盛，影响深远而广泛。在禅宗东传日本的过程上，兰溪道隆的贡献最大，故被誉为“此土（日本）禅宗的初祖”[五]。

除建长寺以外，由渡日宋僧无学祖元所建立的镰仓圆觉寺，亦对镰仓禅的兴盛和发展，有重要的影响和作用[六]。以建长、圆觉

[一] 中国禅宗早在唐代即已陆续流入了日本，如七世纪中的遣唐学问僧道昭、八世纪中的入唐僧道璿，以及入唐八家中的最澄和圆仁，皆先后在唐学禅。直至中世镰仓时代，日本佛教产生巨变，以研究经典和祈祷法会为主的天台、真言等宗的传统佛教的主导地位，为新兴的禅宗所取代，以禅宗为代表的新佛教风靡日本。

[二] 据白石虎月《禅宗编年史》。

[三] 参见夏应元：《中国禅僧东渡日本及其影响》，《历史研究》，1982年第3期。

[四] 《元亨释书》七·正嘉元年（1257年）：“龟谷山（金刚寿福禅寺）荣西创之，禅规未全，（圆）尔重入相阳，平副帅命行丛矩，于是住持处偏室，（圆）尔南面而行事，钟鼓鱼板一时改响，盖以（圆）尔之遍历临安诸刹，谙熟仪法也。……（圆）尔师辞佛鉴（径山无准），鉴付大明录曰：宗门大事备此书，子归本土以是为准。尔携而归，故平副帅屡闻于尔”。

[五] 《一山国师语录》。一山国师即一山一宁，元僧，1299年东渡日本传法。

[六] 无学祖元为宋僧，1279年东渡日本，传临济禅，住持镰仓圆觉寺。在宋时，无学祖元历住江南名刹，据《日本高僧传》卷二一：“祖元，明州人，曾任灵隐寺二座、台州真如寺主持、四明天童寺首座”。祖元并曾于径山参于高僧无准师范会下，故由祖元创建和主持的日本镰仓圆觉寺，径山、灵隐及天童的影响可想而知。

为代表的纯宋风禅寺成为镰仓禅寺的中心和范本。其样式被称作唐样，影响遍于丛林，成为日本禅寺建筑标准和统一的风格样式："凡建长弘安以来，尽扶桑国里之诸禅刹，皆以法于福鹿两山七堂之规模而谓唐样"[一]。所谓"福鹿两山"即镰仓建长、圆觉二寺，二寺以其对日本丛林的指导和典范作用，被誉为"天下丛林之师法"[二]。镰仓作为由渡日宋僧所开创的纯粹宋风禅之地，成为日本中世新佛教禅宗的发展基地及新的佛教中心。

南宋禅宗由中日禅僧的相互往来传播，在日本逐步发展兴盛了起来，形成了日本中世以禅宗为主体的佛教发展新局面。其前期镰仓时代，是日本禅宗的奠基时期，以镰仓为中心，移植南宋禅宗及寺院制度，纯宋风禅宗寺院在日本得以确立。而这一时期纯粹宋风的镰仓丛林，又主要是由以宋僧兰溪为首的东渡中国僧奠基和创建的。

镰仓丛林以宋土丛林为渊源。据文献记载，镰仓圆觉寺创建时，北条时宗特遣两名日僧入宋邀聘高僧东渡，所付信中称："树有其根，水有其源，是以欲请宋朝名僧，助行此道"[三]。

镰仓丛林规制，尤重宋风的纯粹。日本永仁二年（1294 年）制定的镰仓禅院禁制中，即有禁"僧侣着日本衣事"条款（《圆觉寺文书》），由此可以想像其时禅林一切行事，不问大小，皆效仿宋土，表现出对纯粹宋风的强烈追求。其实，由渡日宋僧创建的镰仓建长和圆觉两寺，在镰仓时期

大半是由渡日宋元僧所住持的[四]，故其样式制度应表现的是移植的特色。而至镰仓时代末的京都代表禅寺——建仁、南禅两寺历代住持中，中国僧仅有数人，日本僧占绝大多数。这表明继镰仓禅之后，京都禅的日本化倾向。

继渡日宋僧之后的是许多元僧赴日传法，对日本禅寺的发展起了重要的作用，尤其是在传播中土丛林规制和禅寺作法上，影响甚大，其重要者有元僧一山一宁及清拙正澄。一山一宁在元时即是闻名的高僧，赴日后极受尊崇，于京都、镰仓广开法席，前后凡二十年，为日本宇多上皇所盛赞："宋地万人杰，本朝一国师"[五]。

元僧清拙正澄 1326 年渡日，致力于传授中土丛林规制，日本丛林规矩由他而得至完备。日本《本朝高僧传》赞曰："大凡东渡宗师十有余人，皆是法中狮也，至大澄师，可谓师中主矣"。清拙正澄寂后，其弟子二十五人同时入元，可谓盛况，其影响亦由此可见[六]。历史上，中日间的交流往来主要是通过僧人进行的，而在不到百年的元代，大批日本禅僧渡元，人数空前。日本史学家木宫泰彦称："元末六、七十年间，恐怕是日本各个时代中，商船开往中国最盛的时代"（《日中文化交流史》）。

日本中世禅寺的建立，离不开东渡中国僧的传授和影响，传二十四流禅派于日本的禅僧中，十三名为中国禅僧这一史事，也表明了中国禅僧对日本丛林的贡献和作用。而日本禅寺的兴盛发展则更有赖于大批渡海而来巡礼求法的日本学僧。

二 五山十刹图——日本宋风禅寺的蓝本

（一）入宋求法日僧的巡访图录

伴随着南宋禅的东传，宋风禅寺规制亦由中日禅僧的相互往来，传播和移植于日本，其间经历了众多中日禅僧的不懈努力。这一时期中日僧侣间的往来频繁，仅中世期间（1184～1572年）即多达五百二十余人（日本《禅宗编年史》）。除渡日宋僧的传授外，慕南宋禅风，众多日僧更直接入宋巡访，遍历江南名刹，江浙二地的五山十刹尤成为日僧巡礼求法的圣地及经常挂锡的祖庭[七]。江南禅寺样式风貌、形制作法、设备仪式乃至生活方式，无不对日僧影响甚大。这种亲身体验及考察记录，都成为仿写宋地禅寺之依范，所谓五山十刹图即是其时入宋求法巡礼日僧所写绘的关于江南禅宗大刹的实物图录[八]。

关于五山十刹图的写绘年代，虽无明确的记载，但根据图卷内容及背景文献等方面的分析研究，此图成于南宋晚期的淳祐八年（1248年），而此宋末元初之际，正是日僧入宋巡访的盛期，五山十刹图实际上是这一时期日僧入宋巡访风潮的写照。

（二）南宋江南禅寺的仿写移植

日本宋风禅寺的建立，基于对南宋禅寺具体形制规式的全面移植和仿写。为此入宋日本僧渡海而来，遍访详察江南禅寺的各个方面，如五山十刹图所记内容，即遍及禅寺诸方面，从伽蓝整体配置至殿堂寮舍形制、家具法器、仪式作法，乃至极为细微之处，莫不详细图记。标榜"威仪是佛法，作法是宗旨"的禅宗，其日常生活的一切都被视作参禅辩道的修行过程，有其严格的规式。故在性质及作用上，五山十刹图中的许多内容可作为丛林清规来读，或者说五山十刹图可视作是南宋丛林清规的图解。总而言之，如此详细实测图录的目的只有一个：以全面仿写移植的形式，兴建日本宋风禅寺。

日本宋风禅寺的特色，最典型地表现在对南宋禅刹形式的追求和直写之上，尤其是初期，力求一切规式皆仿宋

[一] 日本庆长年间（1596～1615年）的《寒松稿》中的"福鹿怀古"中所记内容。日本自古以"唐"泛指中国。所谓唐样即中国式样，在此具体指江南宋元样式。

[二] 日僧周堂义信（1325～1388年），《空华日用工夫集》。

[三] 转引自周一良《中日关系史论》，江西人民出版社，1990年版。此信保存至今，成为中日禅寺关系史上的珍贵史料。

[四] 据日本《扶桑五山记》统计，日本镰仓时期五山住持多由宋元僧所任，如镰仓时期建长寺的二十四任住持中，十三位为宋元僧；镰仓圆觉寺的二十二任住持中，八位为宋元僧。

[五] 元僧一山一宁（1247～1317年），元朝庆元府普陀山高僧，元成宗赐妙慈弘济大师之号。1299年一山作为元外交使节赴日，并成为日本南禅寺三世住持。一山在日，极受尊崇，其至京都时的盛况，三僧虎关师炼有详细记载："伏念堂上和尚（一宁）往己亥岁，自大元国来我和城，象驾侨寓于京师，京之士庶，奔波瞻礼，腾沓系途，惟恐其后。公卿大臣，未必悉倾于禅学，逮闻师之西来，皆曰大元名衲过于都下，我辈盍一偷眼其德貌乎。花车玉骢，嘶骜辚驰，尽出于城郊，见者如堵，京洛一时壮观也"。参见《日中文化交流史》，第411页。

[六] 据日本《卧云日件录》长禄四年十一月十九日条所载。参见《日中文化交流史》，第416页。

[七] 镰仓圆觉寺开山渡日宋僧无学祖元语录《佛光圆满常照国师语录》卷六关于渡日之前在径山的回忆中，谈及径山有许多挂锡的日本兄弟："老僧虽在大唐，与日本兄弟同住者多，亦不曾相交，但知有大国佛法之盛，亦不问仔细。"转引自玉村竹二《日本禅宗史论集》。

[八] 五山十刹图有许多抄本，最重要的是被称作两国宝本的大乘寺本和东福寺本，关于五山十刹图具体参见《五山十刹图与南宋江南禅寺》，东南大学出版社，2000年版。

土，可谓如饥似渴，亦步亦趋。五山十刹图作为一份仿建宋风禅寺的蓝本，正是这种渴望心态的写照[一]。如此的追求，使得日本宋风禅寺如同中土禅寺的翻版，以至有"不动扶桑见大唐"的赞叹[二]。而"大唐国里打鼓，日本国里作舞"，"无边刹境，自它不隔于毫端"[三]，更是形象描述了中日禅林间声息相通、密不可分的关联，所谓"日下非殊俗"[四]，对于宋元时期的中日禅林而言，亦是十分贴切。

（三）日本禅寺的源地祖型

1．日僧巡访路线

交通是文化交流的前提，宋元时期中日间的交往，主要是僧侣托身于往来商船，随着宋日贸易的兴盛，大批日僧渡海而来。其时明州是宋日交往最重要的港埠，温州也是两浙对外的港口。五山十刹图中"诸山额集"所记寺院分布以明州、温州和台州最多，反映的正是这一时代背景。

对于越海而来的日僧而言，两浙沿海的明州、温州以其海路交通便利的地理位置，具有重要的意义。宋元明州的地位，是与其作为国际港口城市相关联的。以明州为主的沿海港口城市，通过繁盛的海外商贸往来和文化交流传播，与日本及朝鲜文化有着密切的关联。日本佛教尤与明州关系密切，著名的入唐、入宋日僧如最澄、圆珍、圆载、荣西、道元等，皆经由明州，传天台和禅宗。

据史料记载，宋元两浙对外贸易港口，以明州、临安、温州三处最盛。明州、临安的地位显而易见，温州也因海路交通地利而显得甚为重要，成为日僧主要巡礼之地，温

州又有作为十刹之一的江心寺，吸引了许多日僧，《题江心寺》诗云："两寺今为一，僧多外国人"，《移家雁池》诗云："夜来游岳梦，重见日东人"（徐照《芳兰轩诗集》），日东人即日本人。实际上，南宋时不论经商还是求法，日本人已云集温州[五]。

越州（绍兴）虽无寺列居五山十刹甚至甲刹，但也是日僧多至之地，其原因很可能与绍兴的地理位置有关，即其位于临安与明州之间，是日僧由明州登陆后，至临安的必经之路。此外，南宋两浙腹地，东路治所绍兴，西路治所临安，绍兴与临安是南宋两浙路的东西两个中心。

五山十刹图"诸山额集"记载了除福州雪峰寺之外的所有十刹，因此可知其时入宋日僧登陆地限于两浙而未至福建。而于两浙沿岸诸地中，明州则是入宋、入元僧最主要的登陆港口。综合五山十刹图所记内容分析，其时大多数日僧的巡游路线大致如下：由明州登陆，首先巡访两浙东海岸沿线各地寺院，其重点是明州、温州和台州；然后进而向内地深入，途经越州（绍兴）至临安，往北至湖州（安吉）、苏州，最终北上达长江沿岸的镇江和建康。概括地说，日僧的主要巡游之地在浙东沿海及浙北至苏南的长江下游一带。

入元僧巡访地区，要较入宋僧更广。入元僧深入内地，南至如婺州（浙江金华）的双林、温州的江心、福州的雪峰，北至湖州的道场、苏州的万寿和虎丘、建康的蒋山、凤凰台等，更有至龙兴（南昌）的百丈。而五山十刹图所记相关内容，基本上反映的是入宋日僧的巡礼路线及所至寺院的分布状况。

2．日僧巡访寺院

宋代佛教寺院依宗派属性有禅、教、律三类之分。唐末五代以来，禅宗寺院成为佛寺主流。江南寺院宗派属性，随时代有相应的改宗变化。即便是五山十刹，在初建时也并非都是禅寺，多由教寺、律寺改宗易名而来。如五山中的三山——天童、灵隐及育王，即分别于晚唐和北宋初由它宗改为禅寺。宋以后江南律寺纷纷改换门庭[六]，南宋时重臣史弥远更奏请改江南它宗寺院为禅寺，其趋势正所谓"凡大伽蓝辟律为禅者多矣"[七]。江南禅寺的普及与兴盛反映的是五代两宋以来的时代潮流和风尚。

入宋及入元日僧主要为禅僧，江南禅宗名山大刹是其巡访的目标，故五山十刹图中所录寺院绝大多数为禅寺，这一方面表现的是其时日本对禅寺的兴趣，另一方面，也大体反映了南宋禅、教、律三类寺院的构成状况。就总体而言，宋代佛教地域分布的特色大致是南禅北律，日本中世禅寺的源地祖型正在宋元江南禅寺。

三　日本禅寺的兴盛与发展

（一）　日本禅寺的兴盛

如果将镰仓禅寺作为日本禅寺的宋风移植期，那么此后的京都禅寺即可视作是日本禅寺的成熟鼎盛期，由此构成日本禅寺发展上分别以镰仓和京都为中心的前后两大时期。

中国南宋末至元初，时值日本镰仓时代（1184～1332年）后半期，其后的日本南北朝时期（1333～1392年）六十年，大致对应于元朝[八]。日本禅寺的发展，自南北朝以后，在镰仓宋风禅寺的基础上，开始了全面的展开和普及。随着十五世纪室町时代（1393～1572年）政治中心的转移，京都继镰仓之后，成为日本禅宗兴盛的又一个中心。南北朝及其后室町时代的日本禅宗，不但继续受到元代禅宗的影响，同时自身亦走向成熟和鼎盛。所谓室町文化即是以禅文化为中心展开和发展的，并成为日本文化的繁盛时代。五山十刹

[一]　五山十刹图作为仿建宋风禅寺蓝本的作用不仅表现在寺院建筑形制上，同时也具有禅寺清规的意义，日本在修订丛林清规时，亦以此五山十刹图为参照，如《椙树林清规》等。

[二]《梦窗国师语录》卷上。

[三]　渡日宋僧大休正念的《石桥颂轴序》（《日本禅宗史论集》"关于大休正念墨迹石桥颂轴序"，玉村竹二）。南宋高僧径山无准师范的《佛鉴录》中则有："大唐国里鼻孔，日本国里出气，觉琳持之归本乡，太似婆子入闹市"（白石虎月《碧山日录》收《碧山日录》），都是对中日丛林关系密切的描述。

[四]　唐玄宗李隆基《送日本使》诗首句："日下非殊俗"，意为日本和中国是那样地亲近，风俗习惯都没有很大的不同。

153

[五]　温州、台州于南宋时，是中日商贸的重地。南宋理宗时，日本商船从温州、台州带运铜钱回国，竟使台州城内忽然一日之间市上铜钱绝迹。参见王利民：《唐宋时代在华的外国商人》，《文史知识》，1998年第4期。

[六]　仁宗庆历二年（1042年），江东路江宁府（今南京）蒋山太平兴国寺"以禅易律"（《景定建康志》卷四六《寺院》），至南宋成为禅宗十刹之一；神宗熙宁六年（1073年），两浙苏州常熟县（今常熟）明因寺僧文晓，率众僧向官府请求，"愿更律为禅"（《琴川志》卷一三《明因寺改禅院记》）。

[七]　高宗绍兴九年（1139年），秀州海盐县（今浙江海盐）法喜寺"革为禅林"，《至元嘉禾志》卷二三《法喜寺改十方记》卷一〇《寺院》记曰："圣朝……凡大伽蓝辟律为禅者多矣"。

[八]　日本南北朝时代，自元弘三年（1333年）镰仓幕府亡至明德三年（1392年）南北两朝议和止。前为镰仓时代（1184～1332年），后为室町时代（1393～1572年）。

即是这一时期日本禅寺发展趋于全盛的象征和代表。

禅宗在南宋时达烂熟时期，至元已呈颓势，所谓"单传之旨，宋而盛，元而微，入明几乎息矣"[一]。而当元代中土禅宗日趋衰微之时，海东日本丛林正方兴未艾。许多元代高僧因而东渡赴日，日本一时禅风大振，所谓"海东儿孙日转多"[二]，正说的是宋末以来，海东禅林的日趋兴盛。随着日本禅林的充实及中国禅林的衰退，元代以后，中日丛林间的关系有所变化。日本入元僧天岸慧广在杭州径山劝元僧竺仙梵仙东渡时，已大不同于早先南宋时的姿态："我观此土（元朝）皆无丛林，唯日本尚有，公若不信，则同往一观而回"[三]。元明丛林颓废之势，竟致于此。事实上，元代中国名师会下，日本僧及高丽僧反而较中国僧为多，名师中峰明本、古林清茂及楚石梵琦等的语录中，针对日本僧的法语及偈颂之多也是事实，此皆反映了中日丛林的兴衰对比[四]。

（二）日本禅宗五山十刹

1. 镰仓五山与京都五山

日本五山制度，始于镰仓（1184～1332年）末期，仿南宋丛林五山之制，建立起日本自己的禅宗五山制度。渡日宋僧兰溪道隆创立镰仓建长寺时（1246年），即以中国五山制度为范："拟中国之天下径山，为五山之首"（《建长兴国禅寺碑文》），所谓镰仓五山之制即是以镰仓的建长、圆觉等临济五大寺，仿南宋五山建置而设[五]。

室町时代（1393～1572年）移都京都以后，随着京都禅寺的繁盛，相对于镰仓五山，又创设京都五山。两地五山代表了日本禅寺发展上的两个不同阶段及相应特色。镰仓五山，约创建于十三世纪后期[六]，且五山中的三山，由渡日宋僧开创，即建长寺开山为兰溪道隆，圆觉寺为无学祖元，净智寺为兀庵普宁；而至京都五山时期，五山皆为日僧所创，然其开山仍大多曾入宋寻师求法。镰仓、京都两五山的特色概括而言，即南宋风的镰仓五山与日本化的京都五山。日本五山十刹制度的确立，标志着日本禅寺的发展趋于成熟和隆盛，日本禅院的组织机构从此以五山十刹的形式展开和发展。

2. 日本五山十刹的发展

日本在移植中国五山十刹制度后，又逐渐地形成了其自己的特色。宋元五山十刹建置，基本上是指特定的五大寺与十次大寺，而日本的五山十刹则逐渐演变为一种可变的纯粹寺格等级制度。尤其是在京都成为继镰仓后的又一禅宗中心之后，更促进和强化了日本五山十刹制的个性和特色，开创了所谓"镰仓五山十刹"与"京都五山十刹"，且其寺格数次变动，直至日本至德三年（1386年）由室町幕府足利义满最终定下五山位次，并一直沿袭至近代[七]：

镰仓五山：

1. 建长寺　2. 圆觉寺　3. 寿福寺　4. 净智寺　5. 净妙寺

京都五山：

1. 天龙寺　2. 相国寺　3. 建仁寺　4. 东福寺　5. 万寿寺

中国五山寺格的增设变动，亦同样反映在日本五山寺格上，如日本亦仿设元代的"五山之上"的寺格，于1386年将京都南禅寺列于五山之上[八]。

相比较中土而言，日本的五山十刹更是一种纯粹的寺格等级，在创设镰仓和京都两地五山之后，各地的十刹数亦渐增，1386年足利义满定京都十刹和关东十刹。由此十刹级寺院也不再以十数为限。应仁之乱（1467年）后，仅京都的十刹级寺数即达四十六所，至中世末期，全国十刹级寺数达六十所之多。

中国甲刹，日本称诸山，创设于镰仓时代末期。诸山置于五山十刹之下，分布遍于全国，其数也远多于中土甲刹的36寺，至中世末期达二百三十余寺。日本禅宗诸派（除少数几派之外），以临济宗梦窗疏石的佛光派为核心，建立起以京都、镰仓两五山为首的五山、十刹、甲刹、末寺的金字塔式全国官寺机构，其寺多达数千，形成了势力庞大的所谓禅宗五山派系，至中世后期，迎来了日本禅寺发展的鼎盛局面。

日本五山寺院，强调临济的宗派特征，由主流临济诸寺构成五山十刹及甲刹的庞大官寺体系，并称此五山官寺为"丛林"。即日本五山禅寺以临济宗为主流，形成五山派丛林。而由道元所传之曹洞宗，则与五山无缘，称为"林下"。此外，以大德寺及妙心寺为中心的五山派之外的临济禅，亦被轻视为林下。丛林与林下的相对，表现的是禅寺性质与地位之别，实质是主流之争；而临济与曹洞的相对，则使得曹洞寺院被排斥在官寺体系之外，其表面上是宗派与风格之别，实质是正统之争。日本有所谓"临济将军，曹洞土民"之说，十分形象地表现了二宗的地位和风格特色。相应的临济寺院集中于京都大邑，曹洞寺院则普及于民间地方。集中于京都的临济丛林，趋于官僚贵族化，充满了浓厚的中国士大夫趣味，这一趋势在南宋也一样存在。而道元所创日本曹洞宗，则试图去除南宋禅中的贵族色彩，与临济丛林形成对立。相比之下，作为十方寺院的中国五山十刹，虽临济占据主流，但并不像日本五山丛林那样排斥曹洞于五山体系之外。如南宋五山第三位的天童禅寺，即是中土曹洞的要寺和日本曹洞的祖庭，中土曹洞天童与临济径山并称辉映。

[一]《天童寺续志》上·云踪考。

[二] 南宋末径山寺虚堂智愚为归国日僧南浦绍明的送行偈中有曰："海东儿孙日转多。"《元亨释书》七·文永四年（1267年）："秋，南浦绍明，在宋九年，归朝。径山虚堂愚和尚送南浦明公还本国。明知客自发明后，欲告归日本，寻照知客、通道座、源长老，聚头说龙峰会里家私，袖纸求法语，老僧今年八十三，无力思索，作一偈以照行色，万里水程以道珍卫。敲磕门庭细揣磨，路头尽处再经过。明明说与虚堂叟，东海儿孙日转多。"

[三]《竺仙梵仙语录》，转引自《日中文化交流史》，第464页。

[四] 日本学者指出，从日本流传文献所记宋元禅宗看似繁盛，然实际上已趋衰败。如果调查一下中国禅林僧众国籍的话，就会发现外国人比中国人多，特别是元初，大部分是日本人和朝鲜人，中国人极少。参见玉村竹二《佛教·禅》及《日本禅宗史论集》二之下。此中或有夸张，然其时日本丛林之盛已非中土可比。

[五]《空华日工集》永德二年五月条：君问唐国亦有五山十刹乎。余（义堂周信）曰：日本五山十刹效彼国也。《南禅寺记》（正中元年，1328年）："后醍醐天皇御宇，群臣同议，洛之东西创建五山，盖拟大唐国禅刹故也。"

[六] 日本正安元年（1299年）无象静照入镰仓净智寺时，该寺即被指定为五山寺院。由此可知，日本五山之设，至少在十三世纪末已经出现。而京都五山之设，则以日本德治二年（1307年）后宇多法皇定南禅寺为五山寺院为最初。

[七] 1401年（日本应永八年），又将京都相国寺调至五山第一位。相国寺1386年创建，为足利家之家寺。

[八] 1334年（日本建武元年），仿中土之制，置南禅寺于五山之上。《禅林象器笺》："瑞龙山太平兴国南禅寺，开山无关普门，……此山为五山之冠矣。盖准中华天界大龙翔集庆寺冠于五山也"。

由以上考察日本禅寺源流可以看到，随着宋元禅的东传而在日本出现和日益兴盛的禅宗寺院，其中世的发展大致经历了如下三个阶段，即：一、禅寺的出现，以寄居兼修的方式存在；二、禅门的独立，表现为宋风寺院的移植；三、禅院的兴盛，以五山禅寺为核心和代表。

（三）日本近世黄檗禅寺与建筑

受宋元影响的日本中世，是其禅宗建立和发展的主要时期，也是中日禅林交流最为活跃的时期。日本近世（1573～1867年）以后，中日间僧侣的往来仍是络绎不绝，其影响最大的是禅师隐元隆琦的赴日。隐元隆琦为明末清初福州黄檗山万福寺高僧，其法系属临济宗杨岐派。隐元于清顺治十一年（1654年），受长崎兴福寺聘，率弟子东渡，为僧俗所景仰，名重一时。隐元于1659年在宇治创日本黄檗山万福寺，开黄檗禅宗，弘扬黄檗禅法。此为由中国传入日本的最后一个佛教流派，代表和反映了明清佛教对日本的传播和影响。由隐元传入日本的黄檗禅宗，给日本禅林带来一定的影响，在寺院形制与建筑样式上，亦表现出一种新的时代风尚和地域特征。日本黄檗禅寺的伽蓝配置与建筑样式皆采用和反映的是明末清初中国东南沿海一带寺院建筑的风格，日本称之为黄檗样。

至近世以后，日本禅宗也同中国一样，世俗化的倾向愈趋显著，进入了禅宗发展的晚期。这一时期，日本禅宗的存在与其说是作为一种宗教，更不如说是作为一种禅文化和禅艺术，广泛深入和普及于民众之中，如禅庭、茶室、露地等即是其表现。另一方面，相对于中国元明以后诸宗混融的倾向，日本禅院则相对而言一直较为独立，宗派特色仍存。

【中国传统建筑文化与儒释道"三教合一"思想】

吴庆洲 · 华南理工大学建筑学院

一　前言

"三教合一"是中国传统文化发展过程中的文化融合的现象。儒、道、释三教是中国传统文化的三大思想体系，经过长期的对立、斗争，宋、元以后出现了"三教合一"即三教合流的局面。中国传统建筑文化是中国传统文化母体的一个重要组成部分，她与母文化同构对应，子文化与母文化之间表现为适应性和相似性。本文拟探讨"三教合一"对中国传统建筑的影响以及中国传统建筑艺术如何体现了"三教合一"的意向。为此，有必要将儒、道、释三教的对立和融合的历史背景作一简述。

二　宋代以前的三教鼎立与逐渐交融

儒、道、释三教在中国历史上经历了相互对立、斗争和逐渐相互融合的过程。

儒家学派的创始人为孔子（前551～前479年），主张"仁"。儒家以《诗》、《尚书》、《礼》、《乐》、《易》、《春秋》六经为经典。汉代的儒学经董仲舒的改造而发展，它以"三纲"、"五常"为主要内容，吸收当时社会上流行的燕齐方术及黄老刑名之学，构成了以阴阳五行为框架的汉代神学经学，末流发展为谶纬经学。阴阳五行为框架的汉代神学经学，适应汉代大一统的思想要求，用它来解释当时的社会现象、自然现象，论证大一统的政治统治秩序，起到了积极作用[一]。因而儒学被汉武帝定为一尊，遍及全国，成为中国文化的主流。

道教渊源于中国古代巫术和秦汉时的神仙方术，并吸收老庄思想，基本信仰和教义是"道"，认为"道"是造化之根本，宇宙、阴阳、万物都由其化生。老庄不承认人格神，故非宗教。道教崇拜最高尊神"三清"（玉清元始天尊、上清灵宝天尊、太清道德天尊），并有一整套修炼方法（服饵、

157

[一]　任继愈：《中国哲学的过去与未来》，《新华文摘》，1993年第10期，第20～22页。

伍·佛教建筑

导引、胎息、内丹、外丹、符箓、房中、辟谷等）和宗教仪式（斋醮、祈祷、诵经、礼忏）[一]。道教由张道陵于东汉顺帝汉安元年（142 年）创立,奉老子为教主。道教经典《太平经》表面上贬斥儒家,实际上宣扬了许多汉儒学说,如经世治国等等。为了争取生存,道教吸取了佛教经验,取得统治者支持,南北朝以后,成为官方宗教。为了对抗儒、释,道教吸收儒、释学说。南朝时,南天师道的首领陆修静（406～477 年）融汇道教各派经典学说,采纳吸取佛教学说。南朝陶弘景（456～536 年）继承老庄思想和葛洪的神仙方术,融合佛、儒观点,主张三教合流。在茅山道观中,建佛道二堂,隔日朝礼,佛道双修。唐代帝王以老子为宗祖,有"道先佛后"之倾向,使道教有较大发展。

佛教创始人为释迦牟尼（约前 565～前 486 年）,为外来宗教,于东汉永和十年（67 年）传入中国,其时,以儒学为核心构架的中国文化的基本格局已基本形成。佛教作为外来文化,与儒家思想有颇多抵触。佛教主张众生平等,儒家视为悖逆之论,其无君无父的观念受到儒家激烈的抨击。为了在中国立足,佛教开始吸收儒、道思想,开始了逐渐中国化的进程。东晋时,佛教领袖慧远的佛教伦理学说,从理论上沟通了和儒家政治伦理观念的关联。佛教会通儒家的孝论,宣扬戒、孝合一说,并直接编造孝经。隋唐时,《周易》,儒家性善论,老庄自然主义和神仙家的方术思想,佛教均有不同程度的吸收。佛教哲学与儒道等中国传统思想在对立、斗争中逐渐交融。

由上述可知, 南北朝至唐代, 儒、道、释分庭抗礼, 三教鼎立, 在矛盾和斗争中逐渐交融。唐代虽有"昌黎谤佛"、"武宗灭佛"等事件的出现, 但唐统治者对三教均加以利用, 起到协调、缓冲的作用。中唐起渐渐产生三教合一的倾向。唐代诗人白居易《草堂记》云:"堂中设木榻四, 素屏二, 漆琴一张, 儒、道、佛书各三两卷。"可见当时时尚。

三 宋元明清的"三教合一"局面

到了北宋, 由于社会经济和自然科学的发展, 更为了适应新王朝强化伦理纲常的需要, 以儒家思想为一体, 又消化、吸收了佛、道思想的思辨性的养料, 建立了新儒学, 即理学。理学的《太极图》和先天学都是来自道教的《先天图》, 宋儒主静的修养方法也得力于道教以及对佛教禅定的改造。因此, 儒学完成了准宗教化的过程, 宋明理学标志着儒学已成为儒教, 孔子被奉为教主。宗教由其本质部分和外壳部分组成。外壳部分是它的组织形式、信奉对象、诵读经典、宗教活动仪式; 本质部分是它所信仰、追求的领域是人与神的关系或交涉。宋明理学是一种以理性主义为手段, 把人引向信仰主义的学说, 以忠孝为天性, 只能恪守。这与佛教禅宗的情形极为相似; 宋明理学提倡禁欲主义, 以"征忿、窒欲"为人生修养基本内容, 主张"舍生取义"、"杀身成仁", 这与其他宗教的禁欲主义在本质上没有两样; 它信奉"天地君亲师", 以四书、五经、十三经为经典, 以祭天、祭孔、祭祖为祭祀仪式, 以孔庙为信徒定期聚会朝拜的场所。因此，它是以反宗教的面貌出现的中国民族形式的宗教[二]。宋代，以苏轼、苏辙、黄庭坚等为首的蜀学学派，更是对释、道表示赞赏，公开打出"三教融合"的旗号。此外，陈抟的"三教鼎分说"、张商英的"三教合一说"、李纲的"儒佛融合说"、孝宗的"三教融合论"均广泛传播。[三]

宋代道教由于得到诸帝支持，处于极盛时期，并加强了对儒、佛的融合，特别是出现了把禅宗理论引入内丹修炼的金丹派道士。金、元之际，道教形成全真、正一两大道派。其中，全真道是道教内丹派和佛教禅宗、儒家理学相结合的产物，其创立者王重阳有诗云："儒门释户道相通，三教从来一祖风。"（《重阳全真集》卷一）从而导出"红花白藕青荷叶，三教原来是一家"的通俗口号。

佛教虽在盛唐达到鼎盛，宋代已呈衰落之势，面临理学的威胁，不断遭到儒家学者的抨击，因而自觉地与儒、道调和，大力倡导"三教融合"，出现了智圆的"三教鼎分论"、契嵩的"三教并存说"、大慧宗杲的"三教同归说"等等[四]。

宋代"三教合一"的局面已经形成，儒、道、释相互吸收对方的思想养料，建构各自的哲学思想体系，直至明清，从而形成宋元明清传统文化的重要建构和组成部分，而作为文化载体的传统建筑中便出现了种种三教合流或三教合一的景象。

四　"三教合一"思想对传统建筑的影响

下面从建筑平面和布局、雕塑艺术、宗教建筑类型以及建筑装饰艺术四个方面论述"三教合一"的思想观念对中国传统建筑的影响。

1．建筑平面和布局

（1）儒释道三教建筑平面布局的趋同

汉代佛教寺庙的布置可分为石窟寺和塔庙两种。石窟寺多仿印度石窟的制度开凿，而塔庙则开始中国化。印度塔庙之塔称为窣堵波"Stupa"，其外形：下为一半球体，上面正中置三层伞，象征佛教的三件宝——佛、法、僧。伞竖立在正方形的围栏内，起源于印度古代将一棵圣树置于围栏内的传统。宝伞的正下方，埋藏着盛有释迦牟尼骨灰（舍利宝）的圣物箱。塔四周有栏杆，有四道门，象征通向宇宙的四个角落[五]。

中国的塔庙虽有塔，但形态已不同，是在中国式多层楼阁顶上加上象

[一]　冯天瑜：《中华元典精神》，上海人民出版社，1994年版。

[二]　任继愈：《具有中国民族形式的宗教——儒教》，《文史知识》，1986年，第6期。

[三]　黎方银：《大足宋代石窟中的儒释道"三教合一"造》，《大足石刻研究文集》，重庆出版社，1993年版。

[四]　同上。

[五]　叶公贤、王迪民编著：《印度美术史》，云南人民出版社，1991年版。

159

征窣堵波的塔刹而成，塔的四周有廊庑等围绕。许多贵族大臣施舍住宅为寺庙，这种住宅式寺庙多不建塔。到唐代，有许多寺院无塔，或建塔于寺前，或寺后，或寺侧，或另辟塔院。佛教寺院一般为中轴对称的合院式布局，与印度传统大异，形成中国特色，与孔庙的中轴对称合院式布局趋同。

道教的发源地为四川大邑鹤鸣山。最早的道观形式为"静治"，"民家为靖（静），师家为治"。据道教《要修科仪戒律钞》记载，天师治的平面布局，主要建筑置于南北中轴线上，东西两侧为马道，从南往北依次为门室、崇玄台、崇虚堂、崇仙堂（图1-1）。南北朝以后兴建的道观，平面布局基本对称，又较为灵活，建筑繁芜（图1-2）。至宋元以后，引佛改道，道观建筑依照佛寺布局，逐渐形成定制[一]（图1-3）。

中国历史上，改观为寺，改寺为观，寺观改书院，书院改寺观，例子屡见不鲜，这也是儒、释、道三教建筑平面趋同的一个重要原因。

（2）三教建筑在平面布局上的合流共处

"三教合一"的思想观念，影响巨大，使中国传统建筑的平面布局上出现三教建筑合流共处的情形。

位于湖南省大庸市的普光寺，创建于明永乐十一年（1413年）。其寺之左后部有高贞观，为道教建筑，较寺早建，但后为寺管。其左前部有文昌祠，为清末所建，祠左又有明代建的关帝庙。儒、释、道建筑集于一处，形成庞大的古建筑群（图2）。

南岳大庙西有八寺，东有八观。湖南衡山南麓的南台寺、福严寺、昆明昙华寺，寺内均有关帝殿，集儒、佛于一体。

160

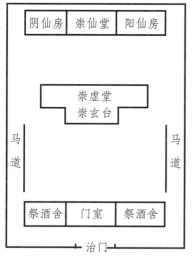

图1-1 治平面布局

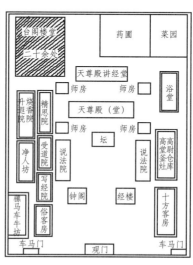

图1-2 早期道观平面布局

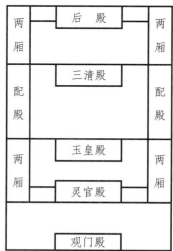

图1-3 道观平面布局

均转自《西南寺庙文化》

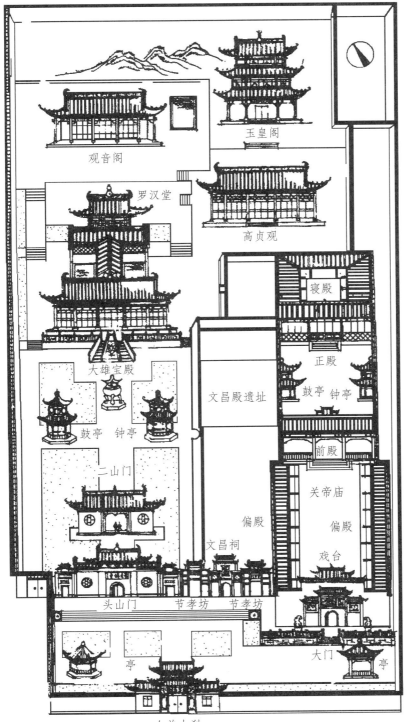

观音阁

玉皇阁

罗汉堂

高贞观

寝殿

正殿

大雄宝殿

文昌殿遗址

鼓亭　钟亭

鼓亭　钟亭

二山门

关帝庙

偏殿

偏殿

文昌祠

戏台

头山门　节孝坊　节孝坊

亭

大门

亭

白羊古刹

[一]　段玉明：《西南寺庙文化》，云南教育出版社，1992年版。

图2　普光寺、关帝庙总平面
（选自杨慎初主编：《湖
南传统建筑》）

伍·佛教建筑

贵州镇远青龙洞明清古建筑群，有青龙洞、中元洞、紫阳洞、万寿宫、香炉崖、老大桥（祝圣桥）等多组建筑。其中，青龙洞以道教为主，中元洞以佛教为主，紫阳洞以儒教为主，儒、释、道三足鼎立，又相互渗透，颇具特色[一]。

长沙的苏州会馆，"前进门楼戏台，方坪正栋，关圣殿左，文昌宫右，财神殿中，翠波阁后进中，大雄殿左，雷神殿右，杜康祠内有长生局。"而粤东会馆则"前门内建戏台，神坛各殿神位正栋，关圣殿左，灵官殿右，财神殿倒堂，韦驮佛后栋，六祖殿后门内，观音殿右侧。"（《善化县志》）[二]会馆中儒、释、道殿宇杂处。

兰州明代创建的白衣寺，由两进院落组成。前院北为白衣菩萨殿，西为土地祠。后院中为多子塔，塔北为二层后殿，后殿上为观音阁，下为文昌宫；塔东为送子将军祠，送子、催生、子孙三慈母宫；塔西为旃檀神之祠，眼光、痘症、疮癣三慈母宫。寺中佛、道和地方神杂处。

甘肃永登城明正统建的海德寺，在中轴线上建有山门、金刚殿、南斗宫、北斗宫、土谷庙、山神庙、大佛殿，也是释道杂处。

甘肃陇西县清建祖师庙，现存北天师殿、丘祖殿、仙姑殿、北过庭、三官殿、枯云庵、观音楼、文殊殿、韦驮殿、普贤殿，道释共处。

甘肃庄浪县城南的紫荆古刹，宋元明清历代修建，形成以老君殿、十王殿、法王殿、财神殿、无量殿、文昌楼、五圣祠、药王庙、乐寿宫、显胜阁、大佛寺等组成的庞大建筑群。农历正月初九、三月三、四月八日为庙会，

香客逾万[三]。

云南通海城南的秀山，由山脚而上，依次为文庙、町王庙、三元宫、普光寺、玉皇阁、竺国寺、清凉台、广嗣灵祠、慈仁寺、涌金寺等寺庙，呈现了"三教合一"的特色[四]。

2. 雕塑艺术

（1）一庙之中儒、释、道诸神杂处

一庙之中三教诸神杂处，例子极多。

湖南通道侗族自治县的白衣观，坐南朝北，为五层八角塔形楼阁，高 18 米。其底层供白衣观音和弥陀；二层供释迦、药师、阿弥陀三佛；三层供道教上清、太清、玉清坐像；四层供张天师，天花绘八卦图；五层绘哪吒闹海、女娲补天、唐僧取经等壁画[五]。

成都金华寺重建于清乾隆五十九年（1794 年），殿内供祀释迦牟尼、观音、牛王、马王、三圣、关帝、文昌、药王、川主等塑像，壁间绘有 134 幅画，内容有"二十四孝"、西游记、山石花鸟等[六]。

云南白沙大宝积宫现存的五百多个佛像神像，就将禅宗、密宗及道教的各种神祇合为一家，集佛、道等教诸神于一堂[七]。

（2）灯雕内容的"三教合流"

灯雕，是以纸糊绢裱及其他材料塑形的工艺美术，外面彩绘，其内燃灯，呈现龙、凤、莲花、神话人物等各种造型，在特定宗教仪典或节日里悬挂和漂放，寄寓各种宗教意念和祭祀祈愿。云南一些民族的灯节，灯雕造型多彩，内容常为"三教合流"，也糅合着一些巫教或本民族宗教的色彩。有的地方的元宵灯会，既与佛教燃灯礼佛的"神变"故事有关，又与道教祭祀"上元天宫"的仪典有关；

中元漂河灯，既与佛教"目莲救母"的故事有关，又与道教祭祀"中元地宫"的仪典有关[八]，还与民间祭祖悼亡的习俗有关。这些灯雕神、佛、仙、道并列，禽兽花木杂陈，装饰着街市和寺庙。

（3）造三教像

造三教像于一处，肇自唐，而盛于宋。

成都市龙泉驿区山泉大佛岩，有北周闵帝元年（557年）所刻的《北周文王碑》云："军都县开国伯强独乐为文王建立佛道二尊像，树其碑。"[九]刻于唐大历六年（771年）的《资州刺史叱干公三教道场文》碑，是三教像肇于唐的明证[一〇]。据《混元圣纪》碑载，宋徽宗崇宁五年（1106年）十月五日下诏："……又准敕旧来僧居多设三教像为院额及堂殿名，且以释氏居中，老君居左，孔子居右，非所以称朝廷奉天神兴儒教之意，可迎老君及道教功德并归道观，迁宣圣赴随处学舍，以正名分，以别教像。[一一]"这说明宋代三教像并祀的造像较多。大足石刻、安岳县三仙洞摩崖造像等都是明证。嵩山少林寺也有金代刻的《二教圣像碑》。笔者在云南大理一座庙宇中也见过三教合一的造像。

云南昭通地区威信县观斗山，明代建有许多庙宇，但数次被焚，民国复原了九座庙宇，其中一座为三教殿，后九殿又遭毁，现存孔子、老子、释迦牟尼、观音、关圣、王母、玉皇、八仙等造像63尊[一二]。

（4）造像艺术相互影响和借鉴

三教造像艺术相互影响和借鉴，表现在儒、道造像在艺术上借鉴佛教的雕刻艺术形式，佛教造像在内容上吸收儒道思想等方面[一三]。

昆明官渡六甲渔村兴国寺大殿（俗称高庙）内，满塑佛道神仙。大殿正中塑金装送子观音，左有真武大帝，右有文昌帝君。像后墙壁上悬塑仙山琼阁，遍布佛道神仙，总计138尊。寺始建于明代，这些彩塑多为清光绪间的作品。其各层次仙佛亲密相处，均衡和谐。正中壁顶，为三十三天之上的三清圣境，正中应是元始天尊的位置上坐着佛祖释迦牟

[一] 吴正光：《山地建筑博物馆青龙洞》，《中国文物报》，1994年8月21日第4版。

[二] 杨慎初主编：《南传统建筑》，湖南教育出版社，1993年版。

[三] 西北师范大学古籍整理研究所编：《甘肃古迹名胜辞典》，甘肃教育出版社，1992年版。

[四] 段玉明：《中国寺庙文化》，上海人民出版社，1994年版。

[五] 杨慎初主编：《湖南传统建筑》，湖南教育出版社，1993年版。

[六] 李文郁、张凤翔：《金华寺》，《成都文物》，1984年第1期，第35～36页。

[七] 邓启耀：《宗教美术意匠》，云南人民出版社，1991年版。

[八] 同上。

[九] 吴觉非：《略谈成都的石刻造》，《成都文物》，1983年第4期，第16～19页。

[一〇] 李胜：《唐三教道场文碑》，《成都文物》，1983年第1期，第59～60页。

[一一] 石衍丰：《道教造型中的莲台及其他》，《四川文物》，1984年第2期，第29～32页。

[一二] 云南省群众艺术馆主编：《云南民族民间艺术》，云南人民出版社，1994年版。

[一三] 黎方银《大足宋代石窟中的儒释道"三教合一"造像》，《大足石刻研究文集》，重庆出版社，1993年版。

尼,右为灵宝天尊,左为道德天尊(太上老君)。下有两尊护法,左为佛门韦陀,右为道教王灵官。左右山崖上,有骑青狮的文殊菩萨和骑白象的普贤菩萨,上方为骑青狮的文殊道人和骑白象的普贤道人。十八罗汉与八洞神仙悠游林下,四大天王同八大天君肃立云端。这是一组大型佛道大团圆彩塑[一],是"三教合一"思想指导下出现的雕塑艺术作品。

大足宝顶山大佛湾北崖刻着一幅长达十八米的大型浮雕"父母恩重经变",是据《佛说父母恩重经》镌造的,这部经是唐人伪造的。经中多宣扬孝行。在该经变下面,刻了一幅不孝子地狱受罪图。在另一龛"雷音图"中,刻雷公、电母、风伯、雨师惩治忤逆不孝之徒。佛教众神中无雷神,中国古代神话中有雷神。因此,此"雷音图"离开了佛教的经典、教义,是为迎合儒家思想而作[二]。四川安岳县玄妙观唐代道教石刻坐于"莲台"之中的很多,四川大邑鹤鸣山道教石刻唐刻第三号龛的天真像是穿道靴,立于莲台之上,这莲台,乃是受佛教经典和造像艺术影响而增饰的[三]。

3. 宗教建筑类型

各教建筑类型相互影响、变异、融合。

(1)"三教合一"的产物——风水塔

上面已谈到,佛教传入中土,印度的窣堵波变成了中国的塔,即在中国的亭阁、楼阁上加一个象征性的小窣堵波——塔刹,使之具有佛教建筑的象征意义。

在佛塔的影响下,本来不讲入灭埋葬的道教,也采用了建塔埋葬的形式。辽阳千山为道教名山,其中无量观内有清末建的道士墓塔,平面八角,十一层,不用佛塔之刹,

装饰花纹用寿星、梅花鹿、孔雀、牡丹等[四]。

宋代以至明清,全国各地建了成千上万座文风塔、文峰塔、风水塔、文笔塔,这些塔的出现,是与"三教合一"的思想影响密切相关的。

建于南宋的广安白塔,坐落在城南2公里的渠江聋子滩上,倚江而立,雄伟壮观。其平面方形,为九级砖石混合结构的楼阁式塔。下五级为石构,上四级为砖构。石建各级镶嵌石刻佛像或供养菩萨像共88尊,塔第六级北面有"××舍利宝塔"六字。据《广安州志》:"宋资政大学士安丙建此塔为镇水口。"所以它是一座风水塔[五]。

邛崃兴贤塔(又称字库)是建成于清道光八年(1828年)的风水塔。建塔原因是前镇江塔拆毁后,文风不及前,故建塔"而培合郡之风水"。塔坐北向南,平面六角,三层,楼阁式。其各层额匾有"字库"、"仓颉殿"、"文昌宫"、"兴贤塔"、"观音阁"等,雕刻题材有"八仙"、"福、禄、寿"、"状元回府"等,充分体现了"三教合一"的思想。

风水塔中,有一些仍采用佛塔之刹,也有许多仅以金属葫芦为刹。邛崃兴贤塔的塔刹十分别致,复盆和相轮等为蛙、蝉精雕而作,并用一根铁棒从蛙、蝉肚内直穿连接,蝉须随风摆动,彩蝉口含宝珠直指苍穹[六]。

在"三教合一"的思想影响下,佛教的塔刹则逐渐淡化了其宗教意义,尤其是砖石塔的塔刹,由唐代起,逐渐简化,失去了窣堵波的原型,变异为其他形式,甚至仅为一个葫芦或宝珠,失去了原先的宗教意义[七]。"葫芦"为古代先民生殖崇拜的象征物,与

"昆仑"有对音关系，"昆仑"即"混沌"，亦即《老子》所云："有物混成，先天地生"之"混成"，是《老子》中"道"的原型意象之一的"朴"的一义。壶（葫芦）是"混沌"的意象，是"朴"（匏）的原型。昆仑（混沌）之山也曾被说成具有葫芦形，以包含天地元气，亦即所谓"混沌"。壶（葫芦）中包孕着宇宙万物，充盈着元气，蕴藏着生命，成为人们崇拜之物，是道家的法器，是道家崇拜的神圣之物。"袖里乾坤大，壶中日月长"是此观念的引申[八]。佛塔之刹冠以道家的法器，正是释道合流的观念形态的物化。葫芦作为脊饰同样为儒家文庙所用，湖南岳阳文庙、浏阳文庙、零陵文庙、湘潭文庙、宇远文庙、澧县文庙、湘乡文庙、湘阴文庙以及全国各地众多文庙以及书院建筑均有以葫芦为脊饰之例，也是"三教合一"观念的体现。

明洪武二十二年（1389年）重建，清代重修的湖北钟祥文峰塔，塔身类似喇嘛塔的形式，上有高大奇特的塔刹，计有相轮二十一重，刹杆串以三层宝盖，上面还嵌了三个"元"字，上有宝珠、水烟等[九]。其三个"元"字，道教指"天、地、水"或"日、月、星"为三元，儒教指乡试、会试、殿试第一名的解元、会元、状元为三元。整座塔的构思意匠，充分体现了"三教合一"的思想。

楚雄雁塔始建于明初，是密檐式方形七层砖塔，第二层以上每层各有一个佛龛，顶上塔刹为一铜亭阁，内有魁星点斗铜像，四角各有一铜铸金翅鸟，当地人称之为"文笔塔"。金翅鸟或称大鹏金翅鸟，为佛经中八部众之中的天龙八部之一。金翅鸟梵语称迦楼罗（Garuda），又译为妙翅鸟等。《观龙三昧经》云："梵语加娄罗王，此云妙翅快得自在，日游四海，以龙为食。"古代，洱海、滇池一带多水患，人们以为是邪龙作恶所致，故以金翅鸟置塔顶以镇压恶龙[一○]。李元阳《云南通志·寺观志》云："世传龙性敬塔而畏鹏，……故以此镇之。"故云南佛塔顶部四角置金翅鸟，为其地方特色。魁星即北斗之斗魁，斗魁之上六星名"文昌"或"文曲"，其神为道教神文昌帝君，主宰功名、禄位，故又受到儒者的崇拜。该塔也体现了"三教合一"的思想。

（2）石窟寺

石窟寺源于印度佛教，传入中国，后来儒、道二教也凿石窟造像。

四川是道教的发源地，反映道教的石刻造像居全国首位。目前已发现的有安岳玄妙观、大足南山、石篆山、舒成岩；绵阳玉女泉、剑阁鹤鸣山、江油窦圌山、灌县青城山、丹棱龙鹄山等地。其他还有蒲江、夹江、乐山、宜

[一] 王海涛：《昆明文物古迹》，云南人民出版社，1989年版。

[二] 李正心：《大足石刻中的儒家造像及其产生根源》，《大足石刻研究文集》，重庆出版社，1993年版。

[三] 石衍丰：《道教造型中的莲台及其他》，《四川文物》，1984年第2期，第29～32页。

[四] 张驭寰、罗哲文：《中国古塔精萃》，科学出版社，1988年版。

[五] 李明高：《广安白塔》，《四川文物》，1985年第4期，第53页。

[六] 文乙：《邛崃兴贤塔》，《成都文物》，1984年第1期，第40～42页。

[七] 吴庆洲：《中国佛塔塔刹形制研究》，《古建园林技术》，第45期，第21～28页，第46期，第13～17页。

[八] 萧兵、叶舒宪：《老子的文化解读》，湖北人民出版社，1993年版。

[九] 罗哲文：《中国古塔》，中国青年出版社，1985年版。

[一○] 苏青：《云南的金翅鸟》，《文物天地》，1995年，第4期，第29～31页。

165

宾、乐至、南充等均有小量的道教造像题刻[一]，包括有部分道、释合一或"三教合一"的造像。

四川大足，有众多的唐宋明清石刻，内容丰富，佛、道、儒三教造像俱全，有单独造像者，有两合一者，有三合一者。人物造像六万躯以上，佛教题材占80%，道教题材占12%，三教合一题材约占5%，其余为儒家和历史人物造像。其中，创于南宋的妙高山2号"三教窟"，中为释迦牟尼，右为文宣王，左为道君，为儒、释、道"三教合一"造像[二]。

昆明龙门石窟凿于明清，其中，乾隆间道士吴来清由旧石室凿石穿云，立"普陀胜境"石牌坊，开慈云洞，正中用原岩雕成道教观音一尊，名送子娘娘，头戴束发金箍，身着道袍，两边金童合十，玉女捧钵。左壁浮雕青龙星君骑龙，右壁为白虎星君骑虎，并有道光题刻"蓬莱仙境"四个大字。道光间开辟龙门、达天阁，内有魁星、文昌、关圣等造像，神台后壁浮雕山水、八仙。整个石窟反映了"三教合一"的思想。

凿于明清的昆明西郊聚仙山西华洞石窟，洞内有一个高4米的佛台，上原有观音雕像一躯，已毁，其左侧立有吕洞宾石雕像，为释道合一的造像[三]。

湖南大庸的清代石窟玉皇洞包括因果、土地、魁星、文昌、龙虎、孔圣、狮子、玉皇八洞，也反映了"三教合一"的思想[四]。

4. 建筑装饰艺术

建筑装饰艺术上，也从各方面反映了"三教合一"的思想。

（1）壁画

建筑壁画中的儒、释合流渊源更为久远。

后梁明帝天保初年（562年），画家张僧繇在江陵天皇寺柏堂画卢舍那佛及仲尼十哲于壁上。明帝萧岿不解，问释门内如何画孔圣？回答说，以后天皇寺的存留全仗他们呢！后来北周武帝宇文邕灭佛时，因有孔子像，乃得保留。

山西稷山青龙寺和浑源永安寺的水陆画，集三教人物于一堂。水陆画源于佛教中水陆斋仪，即水陆道场。青龙寺腰殿水陆壁画，绘僧徒礼三界诸佛，普渡幽冥作水陆道场。上部三佛并坐，两旁为弥勒菩萨、地藏王菩萨，下画南斗六星君。西壁画五通仙人众、五方五帝神众、诸大罗叉将众、帝释圣众、诸大药叉众、元君圣母众、普天列曜星君、鬼子母众、十二元神众、婆罗门仙、三曹等众、四海龙王众、天女及护法善神等环立。南壁西侧墙上层画焰漫德伽明王、大笑明王、步掷明王；下层画诸大罗义女众、五方行雨龙王众、五瘟使者众、往古九流诸子众、往古孝子顺孙众、往古贤妇烈女众等等。南壁东侧墙上层画金刚心菩萨、众明王；下层画城隍伽蓝神众、往古为国亡躯将士众、往古后妃宫女众、往古弟子王孙众等等。北壁西侧墙上绘阴曹地府和当时社会中劳动人民形象。北壁东侧墙上绘诸罗汉、六道轮回、八寒地狱众、冥府六曹众等。东壁则有雷、电、风、雨大神众、真武帝君众、五岳帝君众等等。壁画乃明代刘士通父子绘，壁画内容糅合三教于一堂。"这种道教佛教杂揉的现象，和明朝其他地区的一些壁画，如河北获鹿毗卢寺壁画、山西左玉宝宁寺壁画是相同的。"[五]青龙寺壁画中有一幅《释道儒诸神祇朝拜释

166

迦图》[六]，以佛祖为至尊，以统三教诸神。

山西浑源永安寺水陆画也绘诸佛天众、诸菩萨众、十八明王、诸弟子众、五方诸帝、太乙诸神、十二星辰、四宫天神、道门诸神、日月天子、王宫圣母、诸位星君、古代帝王、后妃、忠臣、良将、冠儒、孝子、贤妇、顺孙、九流等等，集儒、释、道于一堂[七]。

云南丽江十多座庙宇的明清壁画，糅合了佛、道、巫、东巴等教的教义内容，融汇了汉、藏、白、纳西等民族的艺术风格。丽江白沙大宝积宫的11堵壁画中，显宗内容的有三大幅：孔雀明王法令、观音普门品经、如来说法；密宗题材的七幅，画有大黑天神、大宝法主、黄财神、绿度母、降魔祖师、金刚、亥母、百工之神等；以道教为主的有两幅，画天、地、水三官，文昌、真武、四天君、风雨雷电四神等[八]。

（2）须弥座

须弥座原是佛座的形式，随佛教由印度传到中国。须弥即傍教的圣山"须弥山"（梵文 Sumeru，亦译"须弥楼"、"妙高"、"善积"等），原为印度神话中山名，相传山高八万四千由旬（一由旬约为四十里长），山顶上为帝释天，四面山腰为四大王天，周围有七香海、七金山、铁围山、咸海、四大部洲等。佛教以须弥山象征梵境佛国世界，为佛国圣山。以圣山为座，更显佛之崇高、伟大。一说"须弥"即"喜马拉雅"的古译音，即古印度人视之为神山圣地。须弥座本来仅用为佛座，后来，用作佛教建筑基座。由于三教合流，明清之后，凡高贵的建筑台基、神座，无论儒、道、释，均用须弥座。

（3）莲台

佛教视莲花为圣花，《华严经》讲莲花藏世界，净土宗亦称莲宗。佛经有"一切诸佛世界，悉见如来，坐莲华宝师之座。"因此，佛家有"莲华座"，简称"莲座"，并有莲经、莲台、莲像、莲龛、莲华衣、莲华服等称。莲花为佛教的象征[九]。

如前所述，道教造像也用莲台为饰。

（4）脊饰

我国宋元明清的三教庙宇，凡等级较高的均用鸱吻或龙吻，岭南则多用鳌鱼饰，从脊饰上很难分出三教的差别。

（5）装饰题材的"三教合一"

装饰题材的"三教合一"表现在：一座建筑中三教的装饰题材混用、一教建筑用其他二教装饰题材等方面。

[一] 王家佑、丁祖春：《四川道教摩崖石刻造像》，《四川文物》1986年（石刻研究专辑），第55～60页。

[二] 王庆瑜：《中国大足石刻》，香港万里书店、重庆出版社联合出版，1992年版。

[三] 王海涛：《昆明文物古迹》，云南人民出版社，1989年版。

[四] 杨慎初主编：《湖南传统建筑》，湖南教育出版社，1993年版。

[五] 王泽庆：《稷山青龙寺壁画初探》，《文物》，1980年，第5期，第78～82页。

[六] 梁济海：《开化寺的壁画艺术》，《文物》，1981年，第5期，第92～96页。

[七] 柴泽俊编著：《山西琉璃》，文物出版社，1991年版。

[八] 云南省群众艺术馆主编：《云南民族民间艺术》，云南人民出版社，1994年版。

[九] 石衍丰：《道教造型中的莲台及其他》，《四川文物》，1984年，第2期，第29～32页。

167

建于清末的广州陈家祠在装饰中，即有"二甲传胪"、"状元及第"、"功名富贵"、"岳阳楼记"、"宝鸭穿莲"等表现儒学思想的题材，又有"八仙"、"暗八仙"、"刘海戏金蟾"、"仙女下凡"等表现道教的题材，以及"伏狮罗汉"、"和合二仙（寒山、拾得二僧）"的表现佛教的题材[一]。

始建于清康熙十五年（1676年）的亳州花戏楼，有"魁星点状元"、"文昌帝君"、"一品当朝"、"三顾茅庐"、"燕山教子"、"太师少师"、"龙吟国瑞"、"龙颜凤姿"等表现儒教思想的题材，又有"达摩渡江"、"卐"字图案、"狮子吼"、"白象"、"四大天王"、"文殊菩萨"等表现佛教的题材，以及"老君炼丹"、"八仙图"、"葛仙炼丹"、"李铁拐焚身"、"洞天福地"等表现道教的题材[二]。

广州番禺学宫大成殿的脊饰和石栏板用暗八仙装饰，贵州安顺文庙大成殿的石栏板以及湖南浏阳文庙的石柱础也采用了暗八仙的图案。

四川梓潼七曲大庙祀文昌帝君。文昌帝君的"文昌"本星名，亦称"文曲星"。后为道教尊为主宰功名、禄位的神。旧时士人多崇祀之，以为可保功名。所以文昌帝君是儒、道合一的神仙，但其天尊阁的两厢房的脊饰正中，各有一座佛像，表现了"三教合一"的思想。

佛教建筑用儒道装饰题材的也不乏其例。如广州华林寺罗汉堂的一个藻井就用了八卦图案。嵩山少林寺的石刻题材中，有"官宦朝拜图"是表现儒家思想的，"钟馗抱琴托书图"和"骑鹿仙人游海图"则与道教有关[三]。

山西太谷圆智寺千佛殿屋顶，正脊上立塑武士、海马、凤凰等，脊刹下部有一殿阁形龛，内塑老寿星坐像；正脊吞口两侧，塑道教八仙神像。个个面形圆润，躯体健美，衣着适体，多数手持法宝，脚下云气缭绕，有飘飘欲飞之感[四]。

四川江油窦圌山云岩寺法堂的窗花格眼，精工木雕八仙人物，佛寺中以道教神仙形象装饰，也颇有趣味[五]。云南昆明金殿为道教殿宇，内为道教真武大帝与其侍从铜像，大殿门前的横匾上却又冠以"南无无量寿佛"的佛教尊号，令人莫名其妙。

昆明鸣凤山太和宫山门内金殿前，有一座四柱三楼的气魄雄伟的牌坊，上书"棂星门"三个金字。左、右两边各书"洞天"、"福地"二额。棂星门为学宫孔庙的外门，原名灵星门。灵星，即天田星。汉高祖命祭天先祀灵星，至宋仁宗天圣六年，筑郊台外垣，置灵星门，象天之体。后来又移用于孔庙，盖以尊天者尊圣。后人因汉祀灵星以祈谷，与孔庙无关，又见门形如窗棂，就改称为棂星门。由上可知，孔庙的外门进了道观，正是儒、道合流的结果。加上金殿门前横匾为"南天无量寿佛"，正体现了"三教合一"的盛行。

二十四孝图本是儒教的内容，后来道观、佛寺也用为装饰题材。云南巍山县巍宝山长春洞大殿、丽江五凤楼和昆明高庙村兴国寺的格扇门上木雕彩绘二十四孝图是较有名的，此外，还有大批石刻廿四孝图，著名者有昆明金殿护栏石浮雕、威信观斗山石浮雕、建水文庙石浮雕等[六]。

宁夏中卫高庙，始建于明，现存建筑重

建于清咸丰以后，庙中供奉佛陀、菩萨、玉皇、圣母、文昌、关公，庙中一联云："儒释道之度我度人皆从这里"，道出了其"三教合一"的特色[七]。

五　碰撞、融合——世界性的文化现象

　　三教合流是中国文化史上的一种现象。任何文化都决不是一成不变的，它随着时代的前进而发展演化。任继愈先生提出有四种文化现象值得注意：（1）文化的继承与积累现象；（2）文化衰减与增益现象；（3）文化的势差现象；（4）文化的融汇现象[八]。三教合流正是文化的融汇现象。任先生指出："文化不是死的东西，它有生命，有活力，具有开放性和包容性，不同文化相接触，很快就会发生融汇现象。处在表层的生活文化（如衣食器用等），很容易被吸收，处在深层的观念文化（如哲学体系、价值观、思维方式等），不是一眼就能看透的，要有浓厚的文化根基和较高的文化素养才有可能发生交融。"[九]"三教合一"也是一个长达一千多年的对立、斗争而逐渐融合的过程。文化的碰撞、融合，是世界文化史上的普遍现象。文化融合前的文化碰撞，可能闪现出文化的生命的火花，而促进文化的繁荣。中国古代文化曾出现过两个高峰，都是文化碰撞、融合的结果。"春秋战国，是中原文化大融合之际，达到了先秦时期我国第一个文化高峰。那么，自魏晋至隋唐，则是亚洲文化的一次大融合，中国文化与印度文化产生了第一次碰撞、融合，由此造就了我国古代文化的又一个高峰，在历史上又一次出现了'激活'的效应。"[一〇]

　　中国如此，亚洲如此，世界上的文化都不例外。冯天瑜先生指出："古希腊先哲的论著和希伯莱《圣经》共同构成西方文化的两大源头。如果说，希腊传统崇尚的是'逻各斯'，重智求真，追求理智和理性，那么，《圣经》传统崇尚信仰，强调人的不完善性和有限性，信仰方可获得救赎。这两种传统的抗争、融汇和互补，构成西方文化深邃而多姿的情状。"[一一]

六　如何看待建筑艺术中"三教合一"的作品

　　中国传统文化的主流为儒家文化，同时道家文化也对中国文化产生了重要而深远的影响。儒家思想也是不断发展的。经汉代董仲舒的改造，以适应当时大一统的社会政治需要，"汉儒"已不同于孔孟。到了宋代，儒学

[一]　广东民间工艺馆：《陈氏书院》，文物出版社，1993年版。

[二]　侯香亭：《亳州花戏楼雕刻彩绘图考》，《阜阳文物考古文集》，阜阳地区文化局编印，1989年版。

[三]　苏思义、杨晓捷、刘笠青编：《少林寺石刻艺术选》，文物出版社，1985年版。

[四]　柴泽俊编著：《山西琉璃》，文物出版社，1991年版。

[五]　白文明：《中国古建筑美术博览》，辽宁美术出版社，1991年版。

[六]　云南省群众艺术馆主编：《云南民族民间艺术》，云南人民出版社，1994年版。

[七]　白文明：《中国古建筑美术博览》，辽宁美术出版社，1991年版。

[八]　任继愈：《中国哲学的过去与未来》，《新华文摘》，1993年第10期，第20～22页。

[九]　同上。

[一〇]　谭元亨：《中国文化史观》，广东高等教育出版社，1994年版，第176页。

[一一]　冯天瑜：《中华元典精神》，上海人民出版社，1994年版。

169

又经历了一次大变革、大改造。朱熹以毕生精力创造并完成儒教。儒教不等于汉儒，更不同于孔孟，但却有一脉相承，随时代前进而演化的关系。

道家也是如此，"汉代道家是经过黄老学派洗礼的道家，以黄老刑名为主，吸收齐地管仲学派，杂收阴阳、名、法、儒、墨之学，构建了新体系，虽也称为'道家'，与先秦的老子、庄子不同道。经过华北黄巾起义及四川五斗米道的农民运动的改造，《道德经》五千字成为道教徒用来讽诵、消灾免罪的圣经，老子也成为半人半神的教主。"[一] 因此，"汉道"也不同于老庄。

两晋南北朝，是外来的佛教文化与中国传统的儒、道思想文化碰撞的时期，其碰撞闪现的火花，激活了中国文化，于是从唐代起，三教文化在斗争中逐渐融合，中国文化出现了空前繁荣的时期，它与盛唐社会政治经济的盛况是相一致的。

宋元明清，中国封建社会开始衰落。儒文化自儒学被改造为儒教后，"进一步稳定了封建社会秩序，'三纲'观念进一步深入人心。宋以后有弄权的奸臣，没有篡权的叛臣，有效地消灭影响中央集权的叛逆行为。"[二] 但儒教文化"存天理、灭人欲"的思想，也成为"以理杀人"的武器，促成文化的衰微，也加速了封建王朝的没落。禅宗使中国佛学发展到了顶峰，物极必反，走向了自我否定。道教虽宋元明仍得到官方支持，有所发展，但到清代逐渐衰落。"三教合一"是在这种社会背景下发生的文化现象，虽然也能闪现一些火花，使文化获得某些生机，艺术呈现某些新意，但也出现一些非驴非马、令人啼笑皆非、粗俗不堪的文化拼凑、艺术杂陈。因此，建筑艺术中的"三教合一"作品，应具体，不可一概而论。

[一] 任继愈：《中国哲学的过去与未来》，《新华文摘》，1993年第10期，第20～22页。

[二] 同上。

170

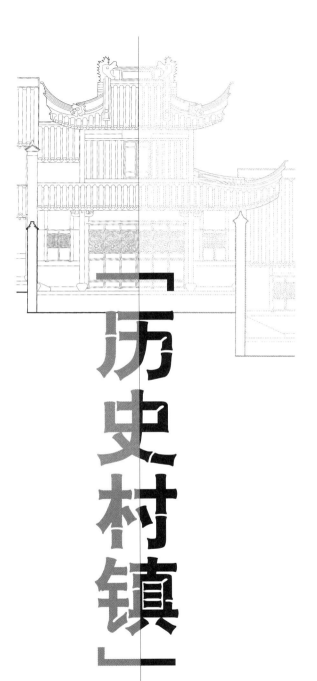

「历史村镇」

陆

【走近珠街阁】

——朱家角古镇的现实困惑与保护再生策略[一]

雷冬霞·上海建科结构新技术工程有限公司
李浈·同济大学建筑与城市规划学院

作为一个具有千年历史的江南古镇，朱家角的开发和发展所带来的巨大变化已经引起了各方人士的关注。在 2005 年当地相关部门组织的"新江南水乡论坛"上，当地的居民提出了他们的担心——古镇的保护会妨碍他们生活质量的提高。政府领导、专家学者也都从各自不同的视角，解读朱家角目前的发展现状。与此同时，在对有关江南古镇商业开发过度、旅游资源相近模式雷同、原始风貌屡遭破坏的议论中，朱家角这个古镇也面临同样的问题又如何摆脱这样的困惑呢？

[一] 国家科技支撑计划重大（点）项目，编号2006BAJ03A07—03—02。

一 古镇居住生活、旅游发展及遗产保护现状分析

（一）居住生活现状及问题

朱家角原先的居住生活区分布在"两街"两侧，即北大街和西井街。北大街上临街的两侧分布着油店、米店、布店，众多的茶楼更是镇民生活的聚集地，城隍庙至廊桥临河的一街是原先的农贸市场，从放生桥到城隍庙再到美周弄是整个朱家角古镇区和附近乡村的生活商业中心。1990 年以后，一部分居住在古镇区的居民由于生活水平的提高以及古镇区居住条件的老化，搬入了早期的西湖新村和淀湖新村。而今，更多的中青年人也都纷纷搬入现代多层新宅，如今的北大街和西井街住户中老年人占很大比例。

早先房价便宜，外地来这里打工的人员也有一定人数居住在这里。在医院附近形成了以小吃一条街和农贸市场（即现在的停车场）为主的新的现代商业生活中心，居民的生活范围也从北大街向外扩展。由于旅游业的发展需求，小商品市场及附近的一些住宅被拆建成停车场。

现代多层住宅主要分布在朱家角镇的西南，西北以及镇东东大门附近，基本沿漕平路和祥凝浜路两侧分布形成了以乐湖新村为主和以东大门新区为主的两个生活商业中心。

通过民意调查可知：由于新的农贸市场位于镇西南角，漕港河北侧的

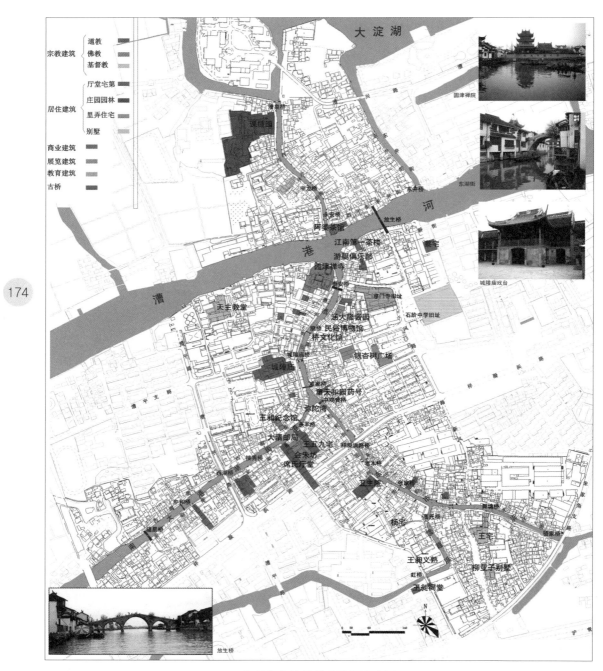

朱家角古镇的遗产资源分布图

居民以及东大门附近的新住户与市场形成了隔离；小商品市场的拆除导致了老镇生活中心的消失，许多店铺零乱散布，失去了往日集市的热闹。

总的来说，古镇区居民的居住生活条件较差，除了北大街和西井街两侧建筑的门面经过初步整修，古镇区内部的大多住宅条件都没有得到改善（朱家角古镇遗产资源分布图）。

（二）旅游发展现状分析

朱家角的旅游面向对象还很单一，基本上还都是以上海市内的游客为主，他们基本上都采取一日游的方式，消费地点多在北大街。此外朱家角的夜晚旅游项目还未被开发，这多少也影响了旅馆业的开发。

古镇旅游的开发是根据我国旅游经济发展的不同阶段来决定的。目前，朱家角的古镇游还处在旅游发展的第一阶段，即以观光游为主、少量休闲游为辅的阶段。这个阶段的特点是：粗放的、单一的、以争取游客数量为主，由此带来了许多的矛盾。例如周庄游客的过载现象等大部分就是由观光客造成的。

此外，朱家角现开发的旅游景点项目中，最吸引人的景观是放生桥，王昶纪念馆及大清邮局等都是新建的景点，由于建筑技术和内容陈列的粗糙，对游客缺乏足够的吸引力。而作为富足之地的放生桥南面的有些地段，尚未整修保存较完整的大量厅堂建筑。

（三）遗产保护现状

近年来朱家角镇投入了大量资金进行以旅游业发展为核心的建设活动，对古镇区的风貌、商业街、部分的居民以及河道驳岸、古桥进行了修复维修。对部分影响古镇风貌的建筑物外貌进行了整治。初步解决了古镇风貌零乱、不完整的问题。尽管如此，古镇风貌的保护和利用问题仍然存在，主要表现在以下几个方面：

1. 古镇内工业与居住用地混杂现象并没有彻底改变。部分宅院、花园单位、工厂侵占的现象并未得到根本解决。尽管对一些建筑物进行了风貌整治，但这些建筑物体量、高度等要素仍然与古镇风貌保护的要求相去甚远。

2. 古镇旅游业的开发伴随着古镇生活风貌和情调的日益丧失。由于古镇周边地区的改造刚刚启动，古镇道路交通以及市政基础设施尚未进入全面改造阶段，现代化程度比较落后。

3. 古镇因水而成，水环境对古镇的生存发展至关重要。由于河道堵塞、排水系统不够完善以及工业的影响等一系列原因，使河流水质普遍下降，古镇的水环境质量不容乐观。

二　古镇区居住生活、遗产保护与旅游发展面临的主要矛盾

（一）古镇区居住生活与旅游发展

交通质量的影响：古镇内大部分道路宽度都很小，人行道兼作机动车道。在这些街面开拓旅游服务性质浓厚的商业店铺，必然形成人行滞留区，阻塞人行道。作为古镇南北交通主干的西井街、北大街同时又是漕港河两岸居民生活、出入的必经之道，游客交通路线与居民生活路线的混杂使原本已相当紧张的古镇区交通更加雪上加霜。

生活环境的影响：旅游开发以后，北大街临街的住宅以及小店铺都被改建成餐饮为主的商业店面，以旅游者为主要使用者的"旅游一条街"，随着它原先的居住功能的基本丧失，古镇安静舒适的生活氛围也被破坏殆尽，而在经济利益的驱使下，西井街也正步上同样的道路。喝早茶是朱家角中老年人的一种习惯，原先的北大街茶馆林立，集市开得很早，走进北大街，一大清早就能听到人们在茶馆里高谈阔论，随着旅游开发强度的加大，如今北大街上的江南第一茶楼是硕果仅存的一个了。

（二）古镇区居住生活与遗产保护

1. 工业厂房

由于朱家角缺乏科学合理的规划指导，古镇内工业与居住混杂现象非常突出，出现了许多与古镇风貌格格不入的厂房、烟囱、水塔。这些工业建筑无论从建筑风貌或建筑

高度上，都对古镇风貌有极大的妨碍。例如，古镇风貌中心放生桥附近的油脂厂、义仁泰食品厂、粮仓等厂房破坏了沿河风貌的连续。部分宅院花园（王家）被工厂或其他占用，原貌丧失殆尽。

2. 居住问题

由于古镇民居多是砖木结构，建筑年代久，使用年限长，存在很大的质量问题，多属于质量三类或四类。而且随着生活水平的提高，许多传统建筑已无法满足人们的生活需求。在沿河及沿街的许多传统建筑立面上出现了铝合金玻璃窗，或者外挂空调等，有些甚至是拆除老建筑后在旧址上新建的现代住宅。此外，随着人口的增长，传统居住区的人口密度不断加大，出现了许多搭建建筑，破坏了古镇原本的建筑格局，尤其由于老街区许多住户没有卫浴设备，因此设有许多公厕，有的地处显著的沿河区域，影响了古镇的风貌。

许多现代多层居住小区：位于镇东东首的淀湖新村和新风路旁的新风新村因位处古镇入口及停车广场处，对古镇传统建筑的空间高度、空间尺度有一定的影响。

由于古镇基础设施落后，居民生活废水的排放，以及污染，导致古镇的水质普遍下降。

3. 交通问题

由于古镇基本架构由河道构成，拱桥舟楫已经远远不能适应现代化生活的需要。

4. 教育医疗

作为古镇主入口的新风路旁的人民医院门诊部及其住院部是朱家角镇及其周边地区唯一一个设施较为完善的医疗机构。但是由

于其地处风貌区内，尤其住院部的建筑风貌及高度破坏了古镇风貌区的协调性，而且住院部的交通路线与旅游路线有一定影响。

古镇中小学和职业技术学校共有七所，他们分别是朱家角中学、石街中学、朱家角职业技术学校、朱家角镇中心小学、雪葭浜小学、青浦聋哑学校、青浦辅读学校。其中朱家角中学是青浦区唯一的一所区重点中学，其原校址就是马家花园。旅游开发后，随着马家花园的历史价值的重要性的突现，朱家角中学临西井街的前院部分（包括医务部、图书室、文学社）被恢复成现今的课植园。但由于朱家角中学与课植园仅一墙之隔，因此在园内游玩时，抬头随时可见校内的现代化校舍及教学楼，无法让人完全体会宅第庄园的意境。

（三）古镇区遗产保护与旅游开发

水乡城镇性质的转变：通过对朱家角镇自然、社会、环境条件的综合分析及合理预测，从总体规划的战略定位看，朱家角在承受传统历史文脉及水乡古镇风貌的同时，正逐步向具有一定经济实力，旅游业发达，交通便捷，设施现代化，环境优美的现代化城镇发展。其不断扩张的对外容纳性，使其水乡城镇性质发生了转变。

水乡建筑肌理的萎缩：随着开发力度的不断加大，旅游开发带来的人流及物流，在带来巨大经济利益的同时，也带来了一系列的问题，包括商业店面问题、餐饮物流问题、旅馆业问题以及人流车流的集散问题等等。北大街及西井街已在相当程度上发展为具商业与居住功能相结合的商业街，许多住宅成了小旅馆、菜馆、小型展览馆、博物馆，有些古迹甚至被拆毁或占用（财源宾馆原址是老石街中学的旧址，以前的一些具西洋风格的建筑都被拆毁），而为了疏解人流，给游客提供一个较大的公共空间，在古镇腹地开辟了大面积的停车场和小型广场（财源宾馆前）。这些虽然解决了旅游开发带来的功能需求，但在一定程度上破坏了水乡建筑的肌理。此外，巨大的人流物流及其巨大的消耗对古镇产生一定的负荷。

此外，古镇区内老建筑的保护与再利用也存在着极大的矛盾：首先古镇区内建筑密布，这是历史形成的特定格局。然而随着旅游开发的需要，沿街那些具有更大经济价值的建筑得到了较多的关注，老建筑的外部尚可得到必要的整修和保护。但是，沿老街两侧向内辐射的建筑，由于得不到重视，其严重的建筑质量问题一直得不到解决。其次，由于古镇上老房子的产权纷繁复杂，属城投、私人、房管所分立，因此在具体操作和管理上困难重重。

三　外部结构调整与环境变化

古镇规划的目标及战略地位：朱家角镇是上海市市级历史文化名镇，是镇域的政治、文化经济中心，是上海市城市总体规划体系中的一个中心镇，也是淀山湖风景区的重要组成部分和旅游度假区胜地。朱家角将建设成为具有一定经济实力，旅游业发达，交通便捷，设施完善，环境优美的富有江南水乡古镇特色并具有现代功能的城镇。

坚持古镇区中心的疏解政策，改善古镇区沿河建筑区过高的人口和建筑密度。总体布局采用"中心、开敞"，以中心密度高，四周密度逐步降低、分层，轴向向外扩展。

整个朱家角将在其西南角形成一个以镇政府、法院、公安等为主的行政中心，毗邻周围的现代居住区，即将发展成为一个朱家角新镇。以放生桥为中心，沿漕港河两岸的北大街，西井街则发展成一个以旅游业为主的商业街。

四　古镇发展的宏观策略探讨

1. 特色挖掘与文化差异

即从特色的挖掘与提炼中实现江南水乡古镇差异化处理。在功能定位上，充分挖掘出朱家角古镇的资源，从产业、历史、经济、文化等方面，突出古镇的古街、古村落、古建筑、古文化、古朴的民风民俗，以及独特的水系资源。同时，在旅游定位上要体现差

异性，不能雷同于千篇一律的古镇游，要体现朱家角的特色之处。朱家角的古镇游应该尽快转型增效——从数量型向质量型、从粗放型向集约型、从观光型向休闲型转化，而不能仅仅依靠人数来维系。除了丰富的水系资源，朱家角镇南有 11 公里长的"金色玉带"——交通大动脉 318 国道，镇西有规模与设施均为东南亚地区之最的"上海高尔夫乡村俱乐部"和亚洲第一流的"水上运动场"，镇北是上海最大的淡水湖游泳场，被喻为"上海的北戴河"的"大淀湖游泳场"，周边就有上海市最大的生态氧吧——东方绿洲，以及各种度假休闲区。由此，准确定位朱家角古镇的发展方向——生态旅游型小城镇。

2. 严格保护与有序发展

古镇要发展，就要进行改造整治，而传统风貌保护与现代生活需求的满足是一对矛盾，是长时间以来最为市民、专家学者所关注、也最具有争议的焦点。所以古镇的发展主要从古镇历史文化保护和新区配套建设两部分入手。而其中，古镇历史文化保护又主要从风貌保护、水资源保护与利用、古建筑保护与利用等方面进行开发建设，必须坚持"保护第一、适度开发"的原则。可以通过特色的游线设计、保护性建设和整体景观环境营造。对文物古迹外围的控制地带的街巷、民居，遵循修旧如旧的原则，在保护其建筑外立面原貌不变的前提下，允许居民（或通过开发者）对内部生活设施进行改造，满足古镇居民基本的现代生活需求。总之，古镇建设必须在规划科学化、法制化、适度超前化的前提下，以法律规范的强制力来监督古镇规划的实施，

从而为古镇可持续发展保留后劲。

3. 有形文化遗产与无形文化遗产

首先，完善对自然环境的保护：可以说朱家角古镇是因水而生，随后又因水成街，因水成市，因水而盛的。水是人们生活和生产的主要依靠。早在农耕文明时代，这里就构筑起了发达的水系和水文化，人水和谐。目前，朱家角古镇边日处理能力在三万吨的污水处理厂已经建造起来，各主要道路（包括老镇、新镇）下的管网也已铺就，只要全线接通，污水处理就可以开始运转。与此同时，镇北 800 亩水面的大淀湖目前正在抽水清淤。经过这番努力，朱家角的水问题在近期可以基本解决，昔日朱家角绿水清清，人家枕河的和谐景象很快可以重现。

其次，要完善古镇的基础设施：在保持古镇风貌的完整性、独特性的前提下，进行道路改造，铺设路面，进行"三线两管"全部入地，消除火灾隐患、视觉污染和水污染等现代生活污染。而公厕、垃圾设施工程的数量及设施质量都要得到完善。其次是对水源进行保护与利用，疏挖清理水系。

除此之外，我们更不能忽视对古镇社会环境的保护和合理整治，避免造成古镇文化的"空心化"和"异质化"。古镇是一个充满生命活力的有机体，人、事、物是统一完整相互依存的，但是旅游开发的出现，使得大量非本土商品在古镇流通，大量的外地人员进入古镇，大量的本地居民迁出古镇。这种变化一旦发生质的变化，就形成对古镇原始生态平衡的破坏，进而对古镇的文化本质产生灾难性的后果。当然，古镇的保护和开发也需要旅游开发发展的经济支持，因此必须把握住两者之间的平衡点，控制旅游开发的"度"。目前，朱家角古镇著名的老街北大街已经完全开发成旅游商业街，老街两侧的店铺几乎全部销售旅游品或是为游客服务的饭店，其中商贩多是外来人员，而这种趋势也正在向北大街两头蔓延，其中包括漕港河北侧的东井街、城隍庙西北侧的大兴街。对于这种自发性的发展趋势，必须进行有针对性的相关政策的宏观调控：在风貌保护区内，尤其是体现古镇风貌的老街两侧，保留一定比例的居住性质，对旅游性质的商业数量和类型进行控制，在主要的老街上适当恢复一些生活性的商业，如茶馆、传统小吃店、照相馆、活动中心等（这些生活性商业本来就存在于朱家角的老街上，只是过度的旅游开发后都渐渐消失了），使得以北大街为主的一些古镇老街成为生活性与旅游性商业达到一定的平衡。生活性商业建筑及功能的恢复，可以引发生活性商业活动的发生和发展，从而形成本土居民对于老街的情

179

感认同和回聚，避免老街居住功能的完全衰退，从而使得原有的空间氛围和生活氛围以及历史生活的信息得到真正的保护和继承。

4. 重点保护与整体协调

从外部物质环境角度来说，朱家角是一个具有完整水乡风貌的古镇，因此对它的保护不只是一条街或是几个点那么简单的事情，也不只是整治几条好看立面的问题，必须对核心保护区内的任何一个建筑进行保护。这里主要有两点值得注意：首先，朱家角目前对于古镇建筑的保护要涵盖一些"不可见"的区域。这些"不可见"的区域是指风貌保护区内除老街两侧店铺之外的其他建筑，这些建筑由于没有重要的商业价值又隐藏在游客看不见的地方，成了"三不管"的地带，乱建乱搭现象也很严重。由于长期得不到比较全面专业的保护和整治，这些建筑的建筑质量和风貌都较差，许多本地居民迁出居住，里面居住的多为外来人员，环境质量极差，许多建筑岌岌可危。这些建筑的数量及规模，占朱家角古镇老建筑数量的半数以上。因此，必须及时对这些"不可见"区域的老建筑进行必要的保护措施，保护朱家角的整体风貌。另外一点，目前朱家角的旅游商业集中在北大街及东井街这两条线上，而且旅游性商业过度拥挤，而古镇的东市街、胜利街、东湖街、西湖街等沿河的老街则乏人问津，人气惨淡。可以一方面适当分散北大街及东井街上的旅游性商业数量，增加生活性商业数量，一方面适当增加东市街、胜利街、东湖街、西湖街上的旅游性商业数量，这样既可以疏散游客的分布，解决目前北大街等局部游客拥挤

造成的各种问题，又可以振兴其他一些老街及街区的经济活力，即避免了老街局部"商业化"氛围过度的现象，又达到古镇整体发展和保护的目的。

从保护的对象和内容来说，不仅要保护外在的物质环境，还不能忽视内在的非物质环境。在目前的旧城改造和古镇保护中，保护主要还集中在物质层面，对精神层面的保护涉及较少。马致远在《天净沙·秋思》里有一句"小桥流水人家"，可见得在江南水乡的意境里，"小桥"、"流水"、"人家"三者缺一不可。因此，对于朱家角这样的古镇保护，尤其对其内在的非物质环境的保护，主要表现在两个方面：一、传统的思想文化和居住文化的保护。朱家角古镇内，水街相依，水巷和街巷是古镇整个空间系统的骨架，是人们组织生活、交通的主要脉络。水巷既是作为水上交通的要道，是古镇与周围农村、城市联系的纽带，是货物运输的主要通道，也是人们日常生活中洗衣、洗菜、洗物、聚集、交流的主要场所。此外，朱家角古镇的民风、民俗、生活氛围具有独特点个性。古镇的茶馆文化十分兴旺，北大街上有江南最早最大的"江南第一茶楼"，朱家角的居民及附近的农民都喜欢每天到镇上赶"早茶"，茶馆内下棋聊天，活动频繁。城隍庙里时常有道教盛事，信徒络绎不绝，里面的戏台也常有戏台班子日夜演戏，热闹非凡。此外，还有放水灯，摇快船等等民俗活动。因此，对于传统思想文化和居住文化的保护，既包括古镇居民历来因水而居，傍水而商，商住混合的生活方式和社会结构，包括邻里间社区网络和人情

关系，也包括由此形成的生活风貌及其他种种。二、传统市镇的商业文化和朱家角特有的"海派"文化。作为传统的江南市镇，经济作用表现突出是朱家角的历史社会形态特征。进入 15 世纪以后，朱家角的商品化经济远远超过了农耕经济，成为江南水乡经济市场网络体系的重要一员，这种自由灵活的市镇网络和经济体系打破了经济封闭的封建体制，对中国近代经济发展产生了重大影响，也形成了市镇独特的商业文化。在这点上，朱家角作为一个保存完整的江南市镇，具有较高的历史研究价值。此外，由于朱家角位于上海这样一个国际大都市里，又不可避免地带有其自身地"海派文化"的气质。作为上海市区和上海农村之间的过渡地带，朱家角具备了这两种区域的文化特征。反映在建筑上，则融合了中西文化交融的特点，体现了民族风格和现代气息。课植园的藏书楼和塔楼，童天和国药号和大清邮局的门头和建筑，以及刘亚子别墅等许多明清建筑，融合了西洋风格，颇有近代上海石库门建筑的特点。

5. 民众保护意识提升与保护实践参与

首先，鼓励居民自主创业和择业的基础上，消化本地富余劳动力，提高居民的生活收入，实现社区居民生活有出路、就业有保障。同时由于古建筑的修缮需要大量的资金，而且它不是一次性的花费，它是一个持续的、不断修缮的过程，古镇的保护除了政府应当承担的责任，也离不开居民自发的保护行动。只有不断提高居民的保护意识，鼓励居民拿出一部分经营所得修缮其所住的房子，改善其居住的生活条件，才是可持续的发展之计。

参考文献：

[一] 王维工、仓平：《朱家角古镇旅游功能定位与开发问题探讨》，《旅游科学》，2001 年第 4 期，第 13 ~ 16 页。

[二] 田喜洲：《古镇旅游开发与保护探索》，《经济问题探索》，2003 年第 2 期，第 90 ~ 93 页。

[三] 熊侠仙、张松、周俭：《江南古镇旅游开发的问题与对策》，《城市规划汇刊》，2002 年第 6 期，第 61 ~ 63 页。

[四] 孙洪刚：《江南水乡魅力探源》，《时代建筑》，1994 年第 2 期，第 52 ~ 55 页。

[五] 刘源、李晓峰：《旅游开发与传统聚落保护的现状与思考》，《新建筑》，2003 年第 2 期，第 29 ~ 31 页。

[六] 李和平：《历史街区建筑的保护与整治方法》，《城市规划》，2003 年第 4 期，

第 52 ～ 56 页。

［七］田喜洲：《论古镇旅游开发中的问题与对策》，《社会科学家》，2004 年第 2 期，第 93 ～ 98 页。

［八］孙斐、沙润、周年兴：《苏南水乡村镇传统建筑景观的保护与创新》，《人文地理》，2001 年第 1 期，第 93 ～ 96 页。

［九］朱谋隆、蒋文蓓：《水乡城镇的现代化与文化回归》，《时代建》，1995 年第 2 期，第 33 ～ 35 页。

［一〇］阮仪三、孙萌：《我国历史街区保护与规划的若干问题研究》，《城市规划》，2001 年第 10 期，第 25 ～ 32 页。

［一一］阮仪三、肖建莉：《寻求遗产保护和旅游发展的"双赢"之路》，《城市规划》，2003 年第 6 期，第 86 ～ 89 页。

【奉化】

——保留民国建筑最为丰富的村镇

王玮·浙江省奉化市文物保护管理所

民国建筑通常指 1912 年至 1949 年即中国 20 世纪前 50 年的建筑。这批建筑主要是由欧美或日本建筑师设计的西洋样式的建筑，以及留学欧美的中国建筑师设计的包含中国元素的、中西合璧的建筑，是西方文化对中国产生影响的在建筑领域的直接反映。奉化——浙江省东部沿海村镇，在近代史上作为中国国民党当政时期的党、政、军领导人蒋介石的家乡，这里走出一批奉化籍的军政要员、文化人士，他们在这里或修建宅院、或修建公共建筑，这批建筑经历半个多世纪的变迁和人世的兴废，至今仍保留有一些，使得奉化这一浙东沿海村镇在保留原有建筑风格的同时民国建筑风格突显，成为构成奉化历史文化的重要组成部分。奉化在历史上经济和文化都有较高的发展，因多山多水，地形富有变化，人们依山傍水修建住宅，留存一批典型的明、清时期的建筑，与浙江其他地区的同期的建筑存在着一定的一致性，而保留的民国建筑，在一定程度上代表了这一时期中国东部沿海一个乡镇接受外来建筑文化影响的缩影。根据文物普查的最新统计，目前奉化保留下来的民国建筑达 281 处。

一　奉化民国建筑的基本情况

奉化民国建筑多集中在奉化市老城区和溪口蒋介石故里，格局基本完整，可分为公共建筑和居住建筑。

公共建筑代表主要有：中正图书馆旧址、总理纪念堂、奉化县立医院、武岭学校、藏书楼和议事厅等。

1. 中正图书馆旧址（图 1）

建于 20 世纪 20 年代，罗马式建筑，建筑占地 680 平方米，建筑面积 906 平方米。主体为三开间三层，穹顶。穹顶下用四磴圆形钢筋砼双柱支顶，前排双柱间封壁、上嵌盈米大钟；次间前檐有宽大露阳台、围以花柱栏杆。主楼为多坡面屋顶并洞开多座气窗、洋红平瓦屋面。三层地面外檐周边为挑梁；二层前立面为门厅，正间为半圆形、双柱式砼柱。次间为长方形，砖礅倚柱，四根立柱，柱头是罗马科林斯柱式。正面为环形地坪和依山势拾级而上的台阶；青砖实砌外墙。

中正图书馆的筹建起于1927年，前为奉化县立图书馆，后为中正图书馆，当时藏书约四万余册，无论是馆舍还是藏书数量和质量在当时的国内寥寥的几个县级图书馆是绝无仅有。

2. 总理纪念堂（图2）

原名中山纪念堂，1927年为纪念我国伟大的革命先行者孙中山先生而建。纪念堂占地677平方米，建筑面积714平方米，坐北朝南，由主楼纪念堂、锦屏小筑和小平房组成。纪念堂屋顶为中国传统建筑的歇山顶，墙面、门楣、窗台为西方建筑风格，面阔三间，明间陈设孙中山像供人瞻仰。锦屏小筑为瞻仰者提供小憩品茶或交谈小议之处。

3. 奉化公立医院

建于1931年。国民党官员筹办，向全县百姓募捐集资创建。奉化公立医院的募资二十万，置宅一区为屋再扩建。医院坐西朝东，现存建筑占地1089平方米（部分在"文革"期间被拆除），由前后两进、南北厢房及一座门楼组成。建筑的门楼和玻璃窗、雕刻的花纹都带有典型的民国风格，且融合了当时的西洋建筑风格。《奉化公立医院碑》详细地记载了医院的历史，碑文记载人物周枕琴、朱守梅、俞飞鹏、俞济时等都是与蒋介石关系密切的国民党政要。

4. 溪口武岭学校

蒋介石遵母遗嘱："所余家产之半自办义务学校，教授乡里子弟之因贫失学者。"创办武岭学校。1929年投资30多万银元建武岭学校新校，1932年2月，蒋介石自任校长。武岭学校由国民党行政院长翁文灏的弟弟民国知名建筑设计师翁文涛设计，上海孙裕生营造厂承造，占地4公顷（7亩）多，建筑面积15000多平方米，建筑群中主体建筑为：大礼堂、教

图2　总理纪念堂

图1　中正图书馆

图3 武岭学校

① 礼堂　　② 教学楼　③ 宿舍楼

④ 医务室　⑤ 武岭门　⑥ 藏书楼

⑦ 议事厅

学楼、宿舍楼、幼稚园、医院、农艺室及音乐图书馆。建筑均为砖混结构，有明显的中轴线，是中西合璧的产物。校园内遍植花木，每幢建筑之间都有庭园，房子掩映在花木之中。

（1）大礼堂（图3-①）：主体建筑，二层楼房，单檐歇山顶，小青瓦屋面，清水墙面，通面宽11间，37米；通进深5间，17.3米。中间7间为大厅，尽间外有隔断墙，墙外又有楼房2间，大厅北面正中为讲台，讲台两旁有两折楼梯，上达东、南、西三面相连的悬臂围廊，通边楼，形成一公共空间。

礼堂明次间前为方形门厅，歇山顶，进深8.55米，面阔3间，11.8米；圆形水泥柱，柱头、额枋上有铺作，枋下饰卷草云头纹镂空雀替，出檐有飞椽，东西两侧有扶栏台阶，整个门厅体现东方建筑特色。

（2）教学楼（图3-②）：位于礼堂之北，为前后两幢二层楼房。单檐歇山顶，通面宽13间，40.75米，通进深9米，清水墙，墙面腰线上有几何图形，除了砖墩，皆为木玻门窗，采光较好，便于学习。前幢楼北立面有走廊，后幢楼南立面为走廊，遥相对应。后幢南立面有一半月形门厅，较为独特，其二楼为露天阳台，护栏设瓶式花柱，一楼为圆形双柱，并有踏跺通操场。

（3）宿舍楼（图3-③）：位于教学楼北面，歇山顶，三开间，与大礼堂门厅相呼应。通面宽11间，面阔33.1米，进深15.3米，结构基本上与教学楼相同，东西南北四面皆有桥式人字形楼梯通楼上，南立面为一长方形门厅，二楼为阳台，北立面有一方形检阅台。

（4）幼稚园：位于教学楼西侧，单层，平面呈布币形组合，悬山顶，正屋为三开间，面阔9.20米，进深4.42米，后配房右侧有三折水泥楼梯通平台；两边为厢房，为四开间，面阔12.95米，进深6.20米。

（5）医院（图3-④）：位于幼稚园西北角，为二层五开间楼房，单檐歇山顶，面阔21.74米，进深15.55米，其明间为水泥楼梯，连接楼上迴廊，次稍间分割成两间，面向迴廊，便于出入；明间南立面为一方形门厅，水漱石方形砖柱，二楼设护栏，前为花园。

（6）农艺室：位于医院东首，幼稚园北侧，单檐歇山顶，九开间，单层，屋身较高，中间不分间，面阔39.55米，进深9米，前立面有廊。

（7）多功能综合楼：位于武岭门东首，二层楼房，悬山顶，楼下三开间，面阔15.30米，进深9.20米，明间前后皆为月洞门，通校园，次间前立面墙上有圆形铁花窗，楼上三开间，四面围廊。

四周围廊和垛口，供行人巡视眺望。武岭门北侧有平顶耳房两间，有台阶通武岭门楼层。

（9）车库等：大门进去礼堂东首有一幢单檐歇山小青瓦平屋，原为武岭学校之车库，面阔11.3米，进深8.4米，其门朝东，其西紧靠民居，车库后是学校医务室为单檐歇山顶平屋，面阔7.84米，进深5.34米，门朝东开。

5. 藏书楼和议事厅（图3-⑥、图3-⑦）

藏书楼及议事厅位于奉化市萧王庙街道青云村孙氏宗祠大门外东西两侧，为民国庚午年（1930年）由孙鹤皋出资修缮孙氏宗祠时所建，由上海孙裕生营造厂建造。藏书楼位于祠堂左首，坐东朝西，单檐悬山顶，砖木结构，二层楼，面阔三开间，10.54米，进深6.20米，北侧第一间内设楼梯，藏书当时向天一阁购买，抗战期间多散失。议事厅位于祠堂右首，坐西朝东，单檐硬山砖木结构，二层楼。观音兜山墙，面阔三间一弄，12米，进深5.9米。

二幢房子风格基本一致，楼上、楼下皆设廊，廊首两端设券顶月洞门，楼上扶手都为铁质栏杆，皆木玻门窗。但略有差异。为了藏书的透气性能，藏书楼地基设有架空层，故高于议事厅，其地面用木地板，而议事厅则用水泥地，藏书楼的檐柱用砖砌，而议事厅则用水泥磨石子。

居住建筑：民国时期奉化籍的国民政府要员众多，留下了许多有特色的民居，这批建筑多为中西方建筑风格相融合的产物。

1. 俞济时旧居（爱日庐）（图4、图5）

爱日庐是国民党要员俞济时的旧居。俞

图4 爱日庐内景

（8）武岭门（图3-⑤）：位于学校东南角武山隘口，与音乐图书室相连，为二层三开间城门式建筑，南北通长15.2米，东西进深5.7米，通高11.6米，占地86.6平方米。一层为砼石结构。通面四根砼方柱，装饰线脚。正间二柱间现浇拱形梁，下有东西方向通道，宽5.1米，高4.5米。次间拱形梁下开蜂窝形木格窗，砌封檐墙，前后左右对称，两侧有砖砌"工"字形窗。四周梁上墙面堆砌块石、有收分，勾不规则凸线。每间前后立面门窗楣上有匾框装饰，正间匾框内有蒋介石和于右任手书"武岭"两字。一层结顶借鉴哥德式建筑中十字骨架栱手法、承托两层楼面。外墙结顶砌垛口，雉堞起伏。室内不分隔、空间宽大。沿墙边放置多条石凳，供路人休憩。二层为八柱三间仿传统建筑，通长13米，进深3.4米，鼓磴圆柱，四阿屋顶，筒瓦屋面，大屋脊，飞檐翘角。脊饰龙凤图样、"福"字板窗鹤立正中。通面开圆形全木玻璃门窗，外勾宽边线脚，前后对称。墙体青砖实砌，济时（1904～1990年），奉化人，1924年入黄埔军校第一期，从蒋介石二次东征，参加过"一·二八"和"八·一三"淞沪抗战，授中将衔，四十年代任蒋介石侍卫长，此宅是俞济时北伐克城有功受赏的3000元大洋而建的。1930年建成，房屋朝东，取"挚爱东方之日"之意而名。是一座具有浓郁风格的民国建筑。砖石门楼。石雕、砖雕雕有"梅兰竹菊"四君子等中国传统吉祥花纹，却又具有西洋建筑中的自由、活泼、简约风格。门楼前有处大天井，沿东院墙一面，是别致的小花园。天井后是主楼，面阔23.7米，进深12.2米，保存完好。前天井北面有一处偏房，偏房与主楼之间，夹有一条山溪。爱日庐的外墙砌叠齐整，不施石灰、水泥等装饰。东面临街的院墙为了采光，比较低。南边院墙上加设坚实的铁栅栏，既可防盗，又可阳光尽洒院内。西边的后院墙八、九米高，具有防盗、防火隔离作用。爱日庐北侧围墙外10余米处有保存较好的三眼井，三眼井外观独特，是作为俞济时旧居的防火附属建筑，有一定的人文内涵。

2. 鹤庐（图6）

鹤庐建于1937年，为花园式洋房。主人姓邬，据说是位商人，在上海发迹，很少住家。建成后不久，抗战全面爆发。鹤庐的主人，很少踏进这处家园。

该建筑坐北朝南，占地783平方米，前庭后院，庭与院之间有围墙相隔，设月洞门通行。大门位于南围墙正中，仿西洋式，青砖清水砌筑，梅园石槛框，门额正中嵌梅园石匾额一块，中楷书"鹤庐"二字，上款"二十六年十月"，下款不清，周雕饰缠枝花卉纹。正屋厢房均两层，单檐硬山造，正屋面宽五间，明间为敞堂，梁架五柱八檩，前出廊，一步架。厢房东、西各二间，其中东厢房北间设楼梯。二层均施铁质花栏杆。

3. 凤麓别墅（图7）

建于民国十九年（1930年）。该建筑群坐西朝东，占地面积1295平方米，前庭后院，主附屋宇错落分布，大门开于东首，寓意"紫气东来"，建筑顶部呈半圆形，中堆塑白色宝相花，底部为水泥砌筑的须弥座。厅堂为西洋式，面阔三开间，单檐四方屋顶，明间为敞堂，

图5　俞济时旧居——爱日庐

图6 鹤庐

图7 凤麓别墅内景

190 施八扇玻璃格扇门，磨石子地面，宽檐廊，科林斯柱，前立面清水磨面红砖拱券，现砖多层出檐，廊为水泥花柱栏杆。厅堂后为一座三合院，北侧有楼屋一栋，是居家的主要生活场所。

4. 刘祖汉旧居（图8）

刘祖汉（1894～1985年）与蒋介石有过结拜之交。毕业于浙江讲武学堂，北伐初任国民革命军第二十六军第一师党代表兼政治部主任，后任两浙缉私统领、财政部皖南缉私局长、浙江省内河水上警察局长等职。1944年任奉化县临时参议会议长。1949年随蒋介石去台湾。

其宅为四合院式，坐北朝南，由门楼、正屋、东廊、西偏厢、西偏屋组成。占地559平方米。门楼一间位于东廊南侧，为两层平顶楼房，屋顶为阳台，施有花柱栏杆，门厅地面为刻花水泥地，大墙门为梅园石门框，门上有石匾，正屋三开间，单檐硬山两层楼房，五柱七檩，宽檐廊，檐柱雀替为倒

挂花柱。正屋椽板雕刻有花草图案。东为廊，西偏厢三开间，正屋与西偏厢之间有月洞门通西侧西偏屋。

该宅正屋屋身高敞，基座为两层，梅园石砌筑，天井种有花草，院落规整。

5. 孙鹤皋旧居（图9）

孙鹤皋（1888～1970年）早年留学日本，追随孙中山先生参加辛亥革命事业。历任上海沪军都督府参事、北伐后任沪宁、沪杭两铁路局局长、沪宁杭公路局局长、津浦铁路局局长、铁道部参事。三十年代初，他不满当局，弃政从商，实业救国。孙鹤皋先投资纸业、橡胶业，任四明银行常务董事、总经理。抗战胜利后，他任大来商业银行董事长，为发展民族工业提供资金支援。

旧居为凹字形、坐北朝南，重檐两层，顶层有阁楼，硬山，双坡洋瓦屋面。明间为厅次间为房室，青砖实砌墙，内部木结构，厅后有双折木扶梯上楼层。次间砌有壁炉，

前有庭园，周砌围墙。大门开于东南角，进大门有隔墙，辟有二门，西侧有便门通外。整体为仿西洋式建筑。

6. 王震南旧居（图10）

又叫明德堂，坐落在奉化市溪口镇葛竹村高椅山脚。它东北临村，西南缘山，远看如鹤立鸡群，乡人通称洋房子。宅主王震南（1893～1962年），系蒋母王采玉的堂侄，曾任国民政府参谋本部军法处处长。该宅于1936年建造。

王宅，依山势而筑，拾级而上为牌楼式大门，门楣匾额上题"山高水长"四字，系王震南手笔，进入大门过月洞门，即为正门，正门为垂花门式，灰白光滑石门槛框，上书额"居仁由义"，落款为"王震南谨书"，笔墨丰采，字迹雄健。居宅，坐西南，朝东北，为三合院式两层楼房，占地998平方米，呈品字形分布。正屋三间，重檐硬山顶，左右为厢房，二间一弄，传统形式。前后为天井，后天井两侧各有余屋二间，厨房二间，其中厢房与正屋间有迴廊相连，双轩卷棚，龙骨饰顶，气派非凡。王宅屋身高敞，楼层通体有四层那么高，出檐浅而采光良好，一改传统屋身低矮、出檐浅、采光不好的缺点。其内部结构紧密，木结构的柱、梁、牛腿、雀替等到处都是精雕细琢的以三国故事等为题材的工艺木雕，刀法细练，形象逼真。厅堂内设有寿屏一套，雕刻精美，由邵力子撰文，可谓历史珍品。

王宅的外

图10　王震南旧居内景

图8　刘祖汉旧居外景

图9　孙鹤皋旧居

图11　中正图书馆、总理纪念堂俯视

观以传统形式为主，青砖粉墙，黛瓦结顶，但受外来文化影响，属于近代改良性建筑，其山墙已不是常见的马头墙或人字墙，而是将观音兜演化为半圆形有肩式，这种形式在民国建筑中较为常见。但在我市保存完好又如此规整的仅此一处，应作为近现代优秀建筑加以保护。

二　奉化民国建筑的建筑特色和艺术风格

　　奉化保留的这批民国建筑，是民国时期蒋介石为代表的国民党奉化籍人士建的住宅和公用建筑的代表作，从一个侧面反映了民国时期村镇建筑文化开放意识，也体现了奉化民国时期的区域建筑特色（图11）。具体有两个方面：一方面社会公共建筑发端，而且体现出较高的建筑水平。中正图书馆、总理纪念堂、武岭学校不仅是奉化民国时期公共建筑的代表，更能反映社会公共事业的发展。如中正图书馆是西方古典式建筑形式，突出轴线，注重比例，强调对称，采用的罗马柱式并采用仿石材构造的水刷石粉面，整个建筑造型十分严谨，比例匀称，细部装饰精美，显得坚实雄伟，华贵典雅。成为奉化一处标志性建筑。总理纪念堂是中国传统式与西方建筑融合式。中国式大屋顶，墙面、门窗具有西方建筑装饰。人为纪念性建筑兼顾西方现代建筑技术、同时又带有中国民族风格，体现造型与民族风格的和谐统一。武岭学校建筑设计图蒋介石委托夫人宋美龄亲自审定，宋美龄在美国接受的西方教育，并曾对法国乡村教育作过实地考察和研究，提出武岭学校建筑仿法国乡村校舍，因此建筑形式具有民国建筑中西合璧建筑特色，布局严谨，中轴线明显，均为砖混结构。屋顶为歇山单檐，举架不明显，瓦坡较平，梁架为木结构，屋身无立柱，跨度较大的抬梁由砖墙或钢筋水泥柱承荷。每幢楼房皆有门厅，或方、或半圆、或以西式为主、或以中式为主。台基较高，建筑整体显巍峨。建筑群无彩绘，朴实、大方，又有园林之胜，建筑强调作为学校的庄重、美观、坚固的实用功能。

第二方面居住建筑在继承传统的基础上，表现出民国风格却又各具特色。衣锦还乡，荣归故里根植于每个中国人内心，当年民国风云人物，在家乡修建住宅也多基于此，无论是传统风格为主导的王震南旧居青砖粉墙，黛瓦结顶，雕梁画栋，还是以西方建筑风格为主体的孙鹤皋旧居、俞济时旧居、刘祖汉旧居、凤麓别墅砖混楼房、平顶阳台、花柱栏杆等等都能找到中西方的建筑表达语言，这也正是这批建筑的魅力所在。

三 奉化民国建筑的历史价值和保护利用

奉化民国建筑作为奉化建筑文化的一大特色，其历史价值不仅体现在它本身是一部无言的历史，更重要的是还体现在它的政治、教化功能上。这批建筑多被列为各级文保单位。列为全国重点文保单位的有：蒋氏故居－小洋房、文昌阁、摩珂殿、蒋母墓等。列为市（县）级文保单位的有：中正图书馆、总理纪念堂、武岭学校等。列为市级文保点的有王震南旧居、凤麓别墅、鹤庐、俞济时旧居等。根据 2007 年国家文物局《关于要求提供涉台文物保护情况的紧急通知》，这批建筑多属涉台文物范围，因而具有"双重"属性。"涉台文物"这一文保新概念，最重要的特征是这类文物与台湾地域文化、人文、历史之间密切关联，因此保护管理好奉化民国建筑，不仅是保护其历史文化科学价值，同时具有三大意义："有利于增进两岸同胞相互了解和骨肉深情，有利于反击"台独"分裂活动，有利于促进祖国和平统一大业。"（国家文物局单霁翔语）。

奉化作为保留民国建筑最丰富的村镇，民国建筑是奉化的特色，更是奉化的有形资产和无形财富，必须得到妥善的保护，并合理利用，走可持续发展之路。保护奉化民国建筑相当于保护其文化、经济价值，保护最好的结果是将这些建筑更好的融入当代社会，并尽可能发挥更大的作用，也是保护的根本原因和长远意义所在。目前，现有的民国建筑采用不同的保护措施和利用方式。中正图书馆、总理纪念堂、溪口武岭学校等新中国成立后一直由政府管理，保存完整，并合理利用。民国民用住宅建筑多位于老城区，是保护利用的重点。目前这些区域保护和城市建设存在突出矛盾，因此，保持历史建筑与城市风貌的和谐性、必要性、可持续性是关键所在。这批民国建筑是奉化城市发展历史轨迹，只有保留有价值的老建筑，保留体现历史发展的老街区，奉化才会有个性，有魅力。E.N.Bacon在《城市设计》一书中指出：城市形态发展的主要途径是"增建"的原则。增建不是将原有建筑推倒重建，增建更多地体现为改建和扩建，即使新建也在表现出对旧建筑的尊重，同时对旧建筑有所发展。这种发展不仅是空间上、形体上的，也有功能上、使用上的，这样的城市发展才是一个不断完善、渐进，有迹可循的过程。因此，奉化老城区改扩建过程中保护民国建筑就当遵循这一原则，要考察扩建总体部分本身的功能和使用要求，还要处理好扩建部分与历史性建筑的内部空间及外部形象的

联系与过渡，从而保持该历史性地段内建筑文化的延续性。在这批民国建筑的保护修缮中一要把握整体性原则，不仅保护建筑物本身，还要保护其周围的环境，这样才能体现出它的历史；二要把握可读性原则，留存的建筑应该读得出它的历史，不要按现代化的想法去抹杀它。三是要把握可持续性原则。文物毁坏将不可再生的，确定保护就要尽可能保护和延长建筑本体的生命。

民居类的奉化民国建筑具有较高的"文物"价值，但经济效益和一般意义上的社会效益不及公共类民国建筑，因此还应更多考虑其"历史文物"价值。适当放弃一些经济效益，更多遵照保护原则即：保护代表历史文化特点的重要历史街区的空间格局、街巷尺度、延续城市历史文化环境，保护历史文化风貌区的历史风貌，然后再遵循发展原则和效益原则，使其恢复和提升原来使用功能，兼顾经济效益，实现社会、环境、经济和文化效益的统一发展。最关键的是让奉化的民国建筑在结构保留、风貌保留以及实用性三方面寻求一个平衡点。保留精华的"旧"，提升原有的使用功能，赋予其现代使命，同时让人们牢记历史价值。

奉化是保留民国建筑最丰富的村镇，是历史遗留给奉化这笔宝贵文化遗产，是奉化历史、文化的有机组成部分，合理地保护、适度地利用民国建筑，对彰显奉化的文化特色，增强奉化的城市竞争力，都具有十分重要的历史意义和现实意义。

「奇构巧筑」

柒

【从遗址发掘看宁波妈祖庙建筑】

林士民·宁波市文物保护管理所

对于天后宫（妈祖庙）建筑，随着妈祖文化的兴盛，其建筑不断扩大，地方特色逐步形成，目前全国文物保护单位中妈祖庙（天后宫和会馆）大多系清代之建筑[一]，当前在东南沿海地区与香港、澳门、台湾妈祖文化的交流相当频繁，对于建筑的研究交融正在展开，尤其是浙东妈祖庙的建筑面貌如何呢？本文试图通过考古发掘资料的研究，从中可以看出沿海地区妈祖庙建筑的规制与历史的演变。

一　妈祖信仰由来与建筑

妈祖，是中国的海神，作为东方海洋文化精神的象征，并在社会发展进程中始终显示传承文化财富的潜在内涵，为现代文明所接受和发扬。

浙东地区妈祖信仰历史悠久，据文献记载始于北宋宣和年间[二]，徐兢著的《宣和奉使高丽图经》中，详细地记录了由明州（宁波）打造的两艘"神舟"和六艘"客舟"组成使团，奉命出使高丽，回国途中因妈祖救危解难，使团得以平安返航。路允迪等将此事奏于徽宗皇帝，皇帝闻后龙颜大悦，挥毫钦赐"顺济"庙额，于是妈祖神佑故事传遍朝野。从此，妈祖信仰得到朝廷认可，并借助于明州很快传播到全国各地，妈祖被尊为中华民族的航海保护神。

浙东沿海妈祖信仰启于北宋，盛于清代，据宁波地区各县县志记载，宁波地域妈祖庙就有百余座[三]。影响大被列为全国文物保护单位的可算是庆安会馆（甬东天后宫）。目前保存的有道光六年（1826年）建的安澜会馆（天后宫），此外还有在宁波、舟山沿海大大小小妈祖庙一批。

明州（宁波）宋代最早的妈祖庙，根据成书于南宋宝庆时的《宝庆四明志》记载，在城东东渡路与江厦街地，即福建会馆旧址，是明州城内最早的妈祖庙，也是最早商帮会馆的雏形。通过1982年8月至11月底对遗址进行了科学的发掘，揭露面积1340平方米。这次发掘没有找到宋代的建筑[四]。

[一]《全国文物保护单位简介》，文物出版社，《中国大百科全书》考古卷。

[二] 徐兢《宣和奉使高丽图经》，《笔记小说大观》，上海进步书局印行。

[三] 宁波、舟山地区各县县志。

[四] 宁波市文物管理委员会办公室发掘资料。

据记载：宋绍熙二年（1191年）落户于明州的福建船主沈法询，舍宅为庙，为第一座妈祖庙。在考古发掘区内只有元代的文化层堆积和建筑遗址。因此，推断有两个可能：第一，由于宋代是"舍宅为庙"其规模与建筑不可能像后来的天妃宫这样的规模与形制；第二，我们这次发掘与宋代妈祖庙遗址不在同一个发掘区内。因此，对明州宋代妈祖庙的形制、布局还寄希望于今后的考古发掘。

二 庆元（宁波）路妈祖庙建筑

庆元路元代妈祖庙，是通过考古发掘清理出的第一幢妈祖庙主体建筑遗址。面宽为三开间15米，进深为四开间7.6米。在这座妈祖庙的基址中保存了元代覆盆式的石质柱础石（图1），在地坪中尚保留了元代方砖，出土了元初龙泉窑青瓷。这类覆盆式柱础是与浙江奉化建于元至元二十五年（1286年）柱础石相同。该第一次建筑应为元初的建筑。

第二次建筑明显的不同是周边使用石块砌叠，保留殿宇台基和地坪，尤其在台基里出土了不少典型的龙泉窑贴花炉、蔗段洗、

图1　元代柱础

碗等器物。根据出土的龙泉青瓷贴花炉与福建元至大三年（1310年）墓出土的贴花炉一致，出土的鼎式炉与杭州老东岳元代大德六年（1302年）著名书法家鲜于枢墓出土鼎式炉相同。蔗段洗与北京崇文区龙潭湖边北昌家窑村元代铁可父子墓出土的皇庆元年（1313年）蔗段洗一致。碗的造型与江西高安汉家山元墓至正五年（1345年）的碗也相似。至此，第二次这座建筑至晚也在元至正五年（1345年）左右。这就是说从始建后经过半个多世纪使用，这座妈祖庙规模、形制仍如元初，不同的台基加固、方砖地坪铺设讲究，从遗留的一块长方形地坪遗迹表明，供奉的主体是妈祖神位。据《鄞县通志·舆地志》载所祀之神为福建莆田人林姓女子。信徒由船运业行会的成员组成，所以亦称福建会馆。

三 明代后期妈祖庙建筑

明代妈祖庙建筑是迭压在元代妈祖庙基址之上，通过考古发掘，遗址扩建、修建遗迹保存完整脉络清楚。明代的妈祖庙继承了元至正五年，这次修建后的建筑作为前殿，经过了两个多世纪到明嘉靖天启年间，在前殿之北面十多米处，又新建了一座大殿。根据发掘清理的前殿，基本上与元代形制开间不变，面宽仍为三开间，进深四开间。保存了部分方形地坪砖，铺设整齐。

新建大殿，通面宽14米，通进深10.6米，面积为148平方米。从遗留下来的柱础石表明，大殿明间应为抬梁式，次间为穿斗式结构。台基中出土了大量的明代景德镇等民窑青花

瓷器。有嘉靖、隆庆、万历、天启等各朝代的器物；出土的龙泉青瓷盘、碗、炉均为明代常见之物，因此，这次修建的前殿和新建的大殿都是明代建筑。发掘结果表明：天妃（后）宫建筑由一个大殿（主体建筑）发展到两个殿宇，也就是说到了明代宫殿建筑的规模比元代大了一倍。

四　清康熙中期妈祖庙（灵慈宫）建筑

　　清代宁波的妈祖信仰相当兴盛，所建的妈祖庙在海曙、江东著名的不少。作为城东的这座妈祖庙，十分显赫，惜在五十年代毁于火。它是迭在明代建筑基址之上，清代的建筑从台基的布局、形制、规格证明都是重新构筑的。考古发掘揭露在中轴线上有放生池、前殿、戏台、月台、大殿等建筑。

　　放生池，池呈方形石砌池壁，保存了部分遗存。

　　前殿，呈长方形，通面宽23米，通进深9.2米，面积为211平方米。

　　戏台，近正方形，用六柱。通面宽6.5米，通进深5.5米，建筑面积36平方米。

　　甬道，宽6.5米，夯土的基础用石子、黏土、石灰的"三合土"，相当坚固，铺有规整的石板，保存遗迹清晰可见。

　　月台，是新构筑的，目的为了扩大大殿前的容积，便于人们朝拜妈祖。面宽11.2米，进深3.5米，面积39.2平方米。与后来修建扩大部分交接明显。

　　大殿，扩建后的大殿比明代的大殿大得多。呈正方形，平面布局也由明代原来三开间改为五开间。通面宽18.3米，通进深18.6米，建筑面积330平方米。根据柱础的布局，证明扩建后的大殿，明间采用抬梁式，次、梢间为穿斗式结构。

　　发掘清理中，大殿中出土了一批清康熙时间的青花瓷器，与康熙三十四年（1695年）的"重建敕赐宁波府灵慈宫记碑"证实，该建筑群重建于清康熙年中间。这次扩建的主要是大殿、月台、甬道、戏台及放生池等建筑。从发掘中出土的雕刻精致的一批砖雕、石雕。从建筑遗址规模看，这里建筑不但宏伟，而且规模扩大，成为甬上最壮观的一座妈祖庙。

五　清咸丰朝妈祖庙（会馆）建筑

　　从"重建敕赐宁波府灵慈宫记碑"知道康熙时该地会馆被称为灵慈宫，

成为宁波府的宫殿。咸丰朝会馆建筑是直接叠压在清康熙中期时扩建的规模之上而扩大的。从考古发掘清理出包括宫门、放生池、前殿、戏台、甬道、月台与大殿，均在中轴线上。

宫门，面向南，其门内通放生池。

放生池，放生池呈长方形，石砌池壁与清代维修的痕迹清楚可辨，其尺寸基本上保持了康熙时建的形制与规模，池的周围均铺上规格统一的条石，池壁采用了有规律条石迭砌与丁字形加固砌法，充分说明了构筑工艺讲究。面积为210余平方米，上建三座拱桥。

前殿，规模、形制与康熙时一样，所不同的是建筑周围使用石雕装饰，例如反映春夏秋冬的梅兰竹菊等花卉的雕刻，在墙头马头墙上使用了"和合神仙"等为题材的精雕装饰件。基础上，柱网分布与周边的条石分布与置神台痕迹清晰可辨。

戏台，规模、形制都延续康熙中期始建时规制。这次扩建中，戏台仍使用六柱，四周砌一定规格的光洁度好的条石，并且在戏台下均铺上加工精细的石板，六柱大小形制痕迹清晰。

甬道，甬道宽6.5米，包括两侧构筑的边框石，不仅厚薄长短尺寸一致，而且琢制很细致光滑。中间铺设了雕刻极其精致的双龙抢珠石雕（图2）。甬道全长11.5米，一头与戏台相连一头则与大殿月台相通。

月台，月台前设踏道，月台与大殿台基相连，但用条石分隔明显。月台扩建后面宽14米，进深4.2米与大殿两者有高差，这不仅为了大殿散水，更重要为了扩展活动场地，

在月台前的甬道两侧置雕刻极为精细的两只狮子。

大殿，大殿是清后期建设的主体建筑（图3）。这次修建规制与康熙中期一致，所不同的从考古发掘基址表明，这次重修重点放在装饰上。例如大殿的檐柱，使用了青石雕琢十分讲究的龙柱，从遗址中出土的龙柱，不但石质细腻，而且雕工智巧，艺术水平之高，可与目前的庆安会馆中的石龙、凤柱媲美。在大殿山墙、马头墙装饰的砖雕精湛细巧，题材以民间、戏曲故事为主。在大殿中还出土了"温陵糖帮"石制铭碗（图4）以及清咸丰年间的断残碑刻和一批清咸丰朝景德镇民窑青花瓷器，从碑记、石雕龙柱制作年代与青花瓷器等物，证实了这座甬上的天后宫（会馆）是在清咸丰（1851～1861年）年间重新维修刷新的。这座辉煌的天后宫（会馆）一直使用到20世纪50年代初。

从保存下来的大殿照片（图5、图6）可以看出当时是相当的宏伟，其建筑为重檐歇山顶。在正殿前使用了卷蓬，龙柱前后二排，雕刻功力雄厚，雕刻技艺精辟，富有灵气。

图2　甬道上的双龙抢珠石雕

图4 "温陵糖帮"石制铭陀

图3 清咸丰妈祖庙大殿基址清理

图5 天妃宫大殿前卷蓬、石雕龙柱

图6 天妃宫大殿全貌

柒·奇构巧筑

卷蓬上的朱金木雕人物故事刻画得栩栩如生，所采用的橘状的柱础别有风格。

戏台仅剩基础，从所保存下来的戏台照片看（图7），戏台建筑别具一格，看上去为重檐，事实上戏台顶部为一八角楼亭，构筑巧妙，富有个性，在戏台的檐口，使用了与宁波城隍庙门前一样的装饰性斗拱，层层相叠，十分壮观宏伟，在戏台四周，配以雕工精湛的宁波朱金木雕。在戏台二侧，有廊式看戏重楼。昔在考古发掘中，只留下了断墙残壁的遗址。

图7　天妃宫戏台

六　对妈祖庙建筑的几点认识：

纵观考古发掘资料，可以清楚地看出，浙东宁波从古代到近代妈祖庙建筑发展的规模、形制脉络清楚。

在宋代信仰妈祖始由舍宅为庙的记载。元代妈祖庙宫殿主体建筑一幢，随着海外贸易的发展和福建商帮的壮大，到了明代后期不但保持了元代的建筑作为妈祖庙的前殿，而且在前殿后又新建了一座大殿，也就是说到明代宁波的妈祖庙比元代成倍扩大。清初随着"海禁"的开放，宁波的海外贸易仍保持了相当的繁荣，在清康熙中期时，宁波的妈祖信仰兴盛，又受到朝廷敕封，所以对天后宫（会馆）建筑进行了扩建。

从布局上看，在中轴线上明代二幢建筑之间增添了戏台，大殿前增筑了月台和二殿之间均设了甬道，可以说面貌焕然一新，显示了海运业商帮的兴旺发达。清咸丰年间，对清早期天后宫建筑又进行了刷新，虽然规

模、形制未变，从清理的遗址表明是落架重造，尤其是大殿从出土的遗物证明，当时使用了规格相当高、雕刻精致的龙柱，主要是五开间前的檐柱，在整座建筑的马头墙，山墙，屋顶以及窗框大量使用了砖雕、石雕的构建和大殿前的石狮子，甬道上配置了"双龙抢珠"石雕，富丽堂皇，十分豪华，为甬上天后宫之最。而在江东的建于道光三年、三十年的天后宫，它们是由甬埠南号和北号商人建造的，因此在规模、形制与福建商帮的天后宫各具特色。这座天后宫的特点：

第一、敞开式建筑为主。

除了中轴线上主体建筑外，唯在戏台二边有廊式（进深很浅的）重楼，目的为了让人们看戏，但没有像庆安会馆的看戏重楼不但面宽，而且进深也较宽敞。从发掘的天妃宫基址看，看戏是在大殿月台前和二边广场，是敞开式的。

第二，在天后宫（会馆）中，没有像宁波帮商团所建的"安澜"、"庆安"，建筑中轴线上都有前后戏台，即所谓唱对台戏。

【征稿启事】

　　为了促进东方建筑文化和古建筑博物馆探索与研究，由宁波市文化广电新闻出版局主管，保国寺古建筑博物馆主办，清华大学建筑学院为学术后援，文物出版社出版的《东方建筑遗产》丛书正式启动。

　　本丛书以东方建筑文化和古建筑博物馆研究为宗旨，依托全国重点文物保护单位保国寺，立足地域，兼顾浙东乃至东方古建筑文化，以多元、比较、跨文化的视角，探究东方建筑遗产精粹。其中涉及建筑文化、建筑哲学、建筑美学、建筑伦理学、古建筑营造法式与技术；建筑遗产保护利用的理论与实践；东方建筑对外交流与传播，同时兼顾古建筑专题博物馆的建设与发展等。

　　本丛书每年出版一卷，每卷约 20 万字。每卷拟设以下栏目：遗产论坛，建筑文化，保国寺研究，建筑美学，佛教建筑，历史村镇，中外建筑，奇构巧筑。

　　现面向全国征稿：

　　1. 稿件要求观点明确，论证科学严谨、条理清晰，论据可靠、数字准确并应为能公开发表的数据。文章行文力求鲜明简练，篇幅以 6000—8000 字为宜。如配有与稿件内容密切相关的图片资料尤佳，但图片应符合出版精度需要。引用文献资料需在文中标明，相关资料务求翔实可靠引文准确无误，注释一律采用连续编号的文尾注，项目完备、准确。

　　2. 来稿应包含题目、作者（姓名、所在单位、职务、邮编、联系电话），摘要、正文、注释等内容。

　　3. 主办者有权压缩或删改拟用稿件，作者如不同意请在来稿时注明。如该稿件已在别处发表或投稿，也请注明。稿件一经录用，稿酬从优，出版后即付稿费。稿件寄出 3 个月内未见回音，作者可自作处理。稿件不退还，敬请作者自留底稿。

　　4. 稿件正文（题目、注释例外）请以小四号宋体字 A4 纸打印，并请附带光盘。来稿请寄：宁波江北区洪塘街道保国寺古建筑博物馆，邮政编码：315033。也可发电子邮件：baoguosi1013@163.com。请在信封上或电邮中注明"投稿"字样。

　　5. 来稿请附详细的作者信息，如工作单位、职称、电话、电子信箱、通讯地址及邮政编码等，以便及时取得联系。